宇宙になぜ我々が存在するのか

最新素粒子論入門

村山　斉

ブルーバックス

●構成／荒舩良孝
●カバー装幀／芦澤泰偉・児崎雅淑
●カバー・本文イラスト／斉藤綾一
●本文図版・もくじ／さくら工芸社
●協力／ Kavli IPMU 、朝日カルチャーセンター新宿教室

はじめに

私たちの体は物質でできています。それだけでなく、身のまわりにあるもの、地球、太陽などの恒星も物質によってできています。いわば、私たちは物質に囲まれて生きているわけです。この物質を細かく分けていくと原子に行きつきます。原子（アトム）とは、古代ギリシャに考えられていたアトモスに由来する言葉です。このアトモスというのはこれ以上分割することのできないものという意味で、原子が発見されたときは、物質をつくっている根源的な粒子という意味で、原子という名前がついたのです。

でも、原子が根源的な粒子でないことはいずれ明らかになりました。原子を調べていくと、プラスの電気をもった原子核とマイナスの電気をもった電子で構成されていることがわかってきたからです。さらに調べていくと、原子核は陽子と中性子からできていて、その陽子と中性子はそれぞれ、三つのクォークでできていることがわかりました。その他にも、この宇宙をつくっている素粒子がいくつも見つかっています。

このようにたくさんの素粒子の存在が明らかになってきたのと同時に、どんな物質にも、必ずそれに対応する反物質があるということもわかってきました。原子の中には電子や陽子などがありますが、そのような粒子にも必ず反物質があるのです。

反物質は一九三二年に発見されました。アメリカの物理学者アンダーソンが宇宙線の中で見つけたのです。人類が初めて反物質をつくったのは一九三三年のことで、マリー・キュリーの娘夫婦であるジョリオ＝キュリー夫妻が、電子の反物質である陽電子を生みだしました。そして、一九五五年にはカリフォルニア大学バークレー校で、大きな素粒子加速器を使って陽子の反物質である反陽子をつくることに成功しました。

現在の素粒子理論によると、物質は、必ずその物質と対《つい》になる反物質と一緒に生まれます。これを対《つい》生成といいます。そして、物質と対になっている反物質が出合うと対消滅という現象が起こり、物質も反物質も消滅してしまいます。ただ、物質としては消滅してしまいますが、消えてしまった後には、物質と反物質の重さの分だけエネルギーができます。つまり、対消滅は物質や反物質の重さがエネルギーに変化する現象といえます。さらに、対消滅で生まれたエネルギーから、別の物質とその反物質のペアが生まれて、変化していくのです。

物質と対になる反物質は必ず同じ重さですが、電気の性質が逆になります。物質がプラスだったら反物質はマイナスという感じです。私たちは、自分で自分の顔を見ることができません。お化粧するときなどは鏡を使って自分の顔を見ますが、鏡に映る顔は厳密にいうと、自分の顔そのものではありません。左右が反対になっているから、よく似ていますが、別のものということになります。

物質と反物質の関係は、自分自身と鏡に映った自分の像の関係とよく似ています。鏡で映した世界のように、ある要素が反対になることを対称性といいますが、反物質の場合は、像が左右反対になるのではなく、電気的性質が対称になります。

私たちがこの世界で目にするものはすべて物質でできています。アイスクリームもそうです。もし、反物質でできたアイスクリームがあったとしても、私たちは見た目で区別することはできません。反物質の光に対する特性は、物質とまったく変わらないからです。しかも、重さも同じなので、なかなか区別がつきません。

ですが、その反物質のアイスクリームを手でもとうとすると、たいへんなことになってしまいます。私たちの体は物質でできているので、反物質でできているアイスクリームに触れてしまうと、そこで大きな対消滅が起きてしまいます。対消滅によって、手がなくなってしまいます。このような話をすると、ゾッとしてしまう人もいるかもしれませんが、対消滅が起きたときに、なくなるのが手だけだったらまだいい方かもしれません。

皆さんは、アインシュタインが相対性理論から導いた有名な式をご存じでしょうか。$E=mc^2$で表される式です。この式は、重さとエネルギーは同じもので、この二つは互いに変換できることを示しています。先ほど、物質と反物質がぶつかると対消滅して、エネルギーに変わるといいましたが、それはこのアインシュタインの式から導かれることなのです。

この式の中でEはエネルギー、mは質量、つまり重さを表しています。そして、cは光の速度を表します。つまり、エネルギーと重さは交換することができるといっているわけです。しかも、質量にc（秒速約三億メートル）の二乗がかかりますので、ほんの小さな質量でも、それがすべてエネルギーに変わると莫大な量になることがわかるでしょう。

物質の質量がすべてエネルギーに変わってしまったら、つまり、エネルギー効率が一〇〇パーセントだったとしたら、エンジンの中でガソリンを爆発させたときのエネルギーの約三億倍のエネルギーを生みだすことができます。つまり、同じ重さで比較すると、反物質と物質がぶつかると、ガソリンの三億倍のエネルギーが生まれるのです。

この話だけを聞くと、反物質は夢のようなエネルギー源のように思えます。なので、反物質は、SFなどにたびたび登場します。アメリカのテレビドラマ『スタートレック』では、反物質はエンタープライズ号の燃料として宇宙船を飛ばしていますし、小説『天使と悪魔』では、一人の科学者が研究所の所長に気づかれずに、反物質を〇・二五グラムつくったというところから話がはじまっています。

〇・二五グラムなんて、たいしたことはないではないかと思う人もいると思いますが、〇・二五グラムの反物質が、同じ量の物質と出合うと、広島の原爆と同じという、とても大きなエネルギーが発生します。私たちは身のまわりに反物質が存在しないおかげで、こうして平和に暮らしていられるわけですが、もし、まわりに反物質があったらたいへんなことになってしまいます。

ただ、〇・二五グラムの反物質をつくるのに必要な金額を調べてみると、一兆円の一〇〇億倍という、これもまたとんでもない金額が必要になってしまうので、大学や企業などでつくることはほとんど不可能です。『天使と悪魔』では、これだけのお金を使っても所長が気づかないという設定でしたので、ものすごくたくさんの予算のある、とてもうらやましい研究所だと思います（笑）。

物質は反物質より多く存在した?!

ふだんの生活の中では、私たちが反物質に出合うことはまずありませんが、宇宙ではどうでしょう。実は、この広い宇宙空間を調べてみても、反物質はほとんど見当たらないのです。ですが、時間をどんどん巻き戻して、宇宙が誕生した直後まで戻してみると、反物質がたくさんあることがわかっています。

宇宙誕生直後にビッグバンが起きて、たくさんのエネルギーが熱や光という形で放出されました。なので、私たちの宇宙はたくさんのお金を使わなくとも、反物質をたくさんつくることができました。反物質がつくられると同時に、物質もつくられますから、当然、物質もたくさんありました。初期の宇宙は、今よりもはるかに小さい空間の中で物質と反物質が混然一体となって、誕生と消滅を繰り返していたと考えられています。

その後、宇宙はどんどん広がっていき、温度もだんだんと下がり、宇宙全体が冷やされていきます。その頃には、物質と反物質が出合う頻度は減ってきますが、出合うとエネルギーとなっていきます。一方で、新しい物質と反物質を生みだすエネルギーの密度が減っていくことで、物質・反物質のペアが生まれる頻度も少なくなっていきます。そのような過程を経て、宇宙初期に誕生した物質と反物質はほとんどなくなってしまったのです。

実際、今の宇宙には反物質はほとんど見当たりません。ですが、物質はしっかりと残っています。星や銀河は宇宙の中で美しく輝いていますし、地球や月も存在します。地球の上には物質でできた私たちもいます。これはいったいどういうことでしょうか。

実は、よくよく調べてみると、物質は反物質よりも数が多かったのです。計算してみると、一〇億分の二ぐらい物質の方が反物質よりも多くあったので、反物質が全部なくなっても、物質が残ることができたと考えられています。とはいうものの、物質と反物質はどんなときもペアで生成していたので、物質と反物質はきっちり同じ数だけ誕生していたはずです。そして、ペアでないと消滅できないので、反物質が存在していた数だけ物質も消滅したはずです。どちらか片方だけで消滅したということはないので、ふつうに考えればこの宇宙には何も残らずに、物質も反物質もない世界になるはずでした。

でも、私たちはこの宇宙に存在します。これはもともと同じ数だった物質と反物質を、途中で誰かが反物質をつまんで、物質の方に移し替えたのではないでしょうか。そうでもしない限り、こんなことは起こりません。でも、そんなふうに都合よく、反物質が物質になるのでしょうか。

これはまさしく、私たちにとって生きるか死ぬかの問題です。反物質はどうして消えてしまったのでしょう。実は、もしかしたら、この謎がもうすぐ解けるかもしれないのです。

その鍵を握っているのは、ニュートリノという小さな粒子だと考えられています。ニュートリノは調べれば調べるほど、不思議な性質をもっていて、暗黒物質やインフレーションと深く関わってくるのかもしれません。もしかしたら、私たちがこの宇宙に生まれることができたのも、ニュートリノのおかげかもしれないのです。それだけではなくヒッグス粒子やインフレーション、そして暗黒物質なども、私たちが生まれてくるために必要であったことがわかっています。今から、その謎を解いていき、どうして、私たちがこの宇宙に生まれたのかを考えていきましょう。

第1章　恥ずかしがり屋のニュートリノ

宇宙はウロボロスのヘビ

「なぜ、私たちがこの宇宙に存在するのか」という問題に、「ニュートリノが関係しているかもしれない」といわれても、ほとんどの人は何のことかさっぱりわからないと思います。中には、「この人は何をいっているのだろう」といぶかしがる人もいるでしょう。

本論に入る前に、まずはこの宇宙の大きさから考えてみましょう。私たちが日常的に使うもの、たとえば、ノートやペンなどといったものはおおざっぱにいって数センチメートル、私たちの身長は数メートルの大きさです。そこからだんだんと、スケールを大きくしていくと、駅やデパートなどのビルは数十メートルで、東京タワー、東京スカイツリーぐらいのものは数百メートルとなります。富士山やエベレストなどの高い山になると、大きさは数千メートルです。さらに、地球の直径は約一万三〇〇〇キロメートル、地球から太陽までの距離は約一億五〇〇〇万キロメートル、太陽から海王星までの距離は約四五億キロメートルと、どんどん広がっていきます。

もちろん、宇宙はもっと広がっています。太陽系の外側には銀河系が広がっていますし、銀河系の外にはアンドロメダ銀河をはじめ、たくさんの銀河が集まって銀河団をつくっています。このように、眺める範囲を大きくしていくと、宇宙はどこまでも続いています。ビッグバンからの

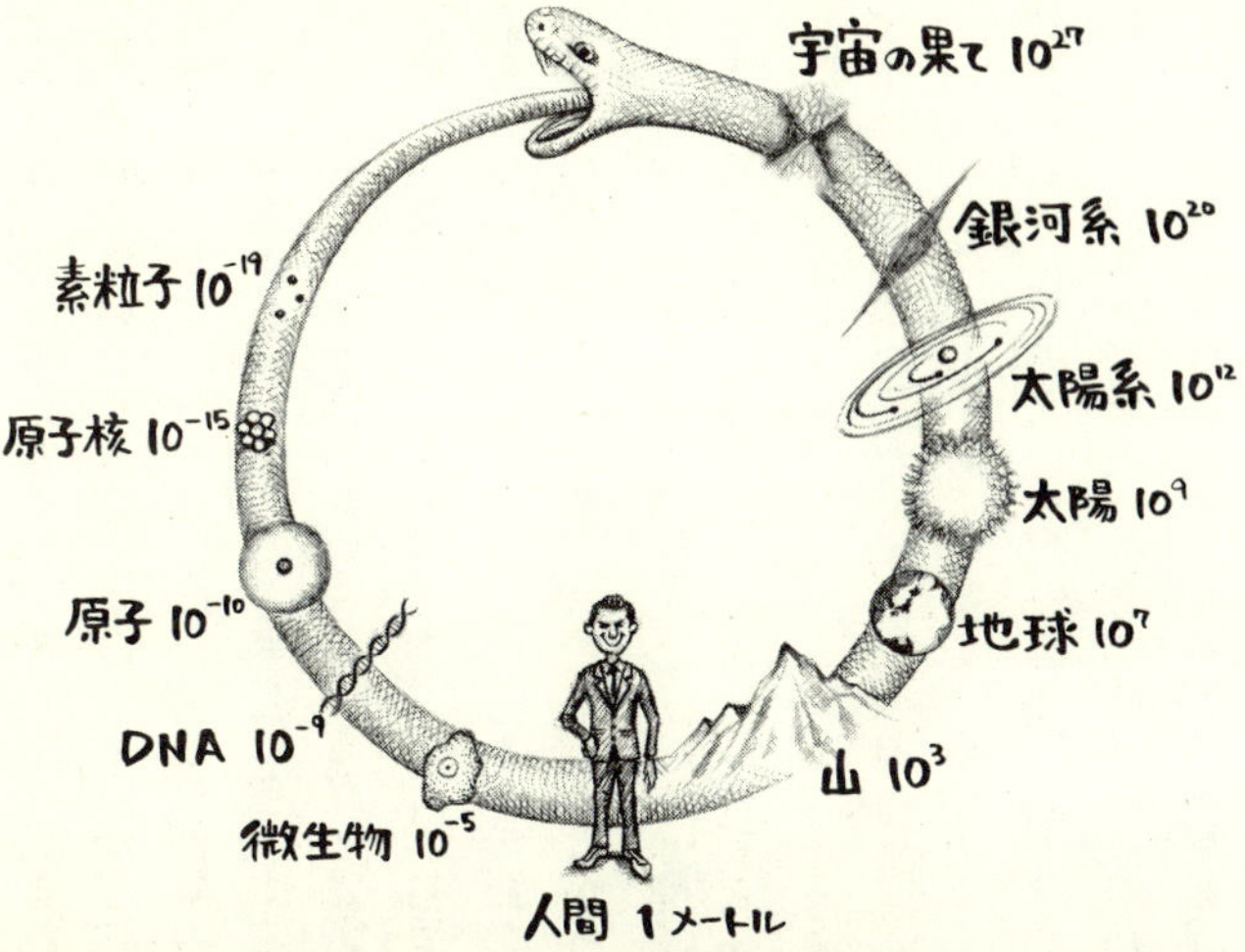

図１―１　ウロボロスのヘビと宇宙の調和　ギリシャ神話に登場するウロボロスのヘビは、自分のしっぽを飲み込んでいる。この世界でも広大な宇宙というヘビの頭が素粒子というしっぽを飲み込んだ構造になっていると考えられている。

光が広がっているのは10^{27}メートルくらいの範囲なので、それ以上はどうなっているのかは、まだよくわかっていません。ただ、わかっている範囲だけでも、ノートやペンからは二九桁も開きがあります。それくらい宇宙は大きなものなのです。

ところが、宇宙の研究をしていくと、大きなものだけでなく、小さなものも大事だということがわかってきました。ノートやペンの大きさから小さい方をたどっていくと、原子、原子核、素粒子の世界になります。今の宇宙は私たちからは想像もできないくらい大きなものですが、時間を巻き戻してみると、不思議なことに宇宙はどんどん小さくなっていきます。そして、生まれたばかりの頃は、とても熱くて小さいものだったことがわかっています。ですから、宇宙がどのように生まれて、今の宇宙になってきたのかということを明らかにするためには、小さな世界のことがわからないといけないことになります。

とても大きな宇宙のことを本当に理解するためには、小さな素粒子の世界を知る必要があるということは、本当におもしろいことだと思います。と同時に、ギリシャ神話に出てくるウロボロスのヘビを思い出します。このヘビは、自分のしっぽを飲み込んで丸くなっていますが、宇宙の調和を表すシンボルだそうです。ヘビの頭の方を宇宙全体のような大きなサイズ、しっぽの方を素粒子のように小さなサイズだとすると、ヘビが自分のしっぽを飲み込んでいるように、宇宙全体の世界と素粒子の世界がつながっているということができます（図1―1）。この部分はまだわかっていないことがたくさんあるので、世界中でたくさんの研究者が興味をもっているのです。

宇宙は正体不明の物質で満ちている

さらにこの宇宙が何でできているのかもまだよくわかっていません。二〇〇三年にNASAの観測衛星WMAP《ダブルマップ》によって、この宇宙のエネルギーの内訳が測定できるようになりました。このように話すと、宇宙が何でできているのかがわかったように聞こえますが、そうではありません。宇宙といえば、美しい星や銀河を思い浮かべますが、それらを全部かき集めてきても、宇宙全体の〇・五パーセントほどにしかなりませんでした。そして、これから話題にするニュートリノは〇・一～一・五パーセントと、やはり宇宙の中では少数派です。さらに、私たちの体をつくっているふつうの原子でできている物質は宇宙全体で四・四パーセント。これらのものを全部足しても五パーセントほどで、一〇〇パーセントには遠くおよびません。

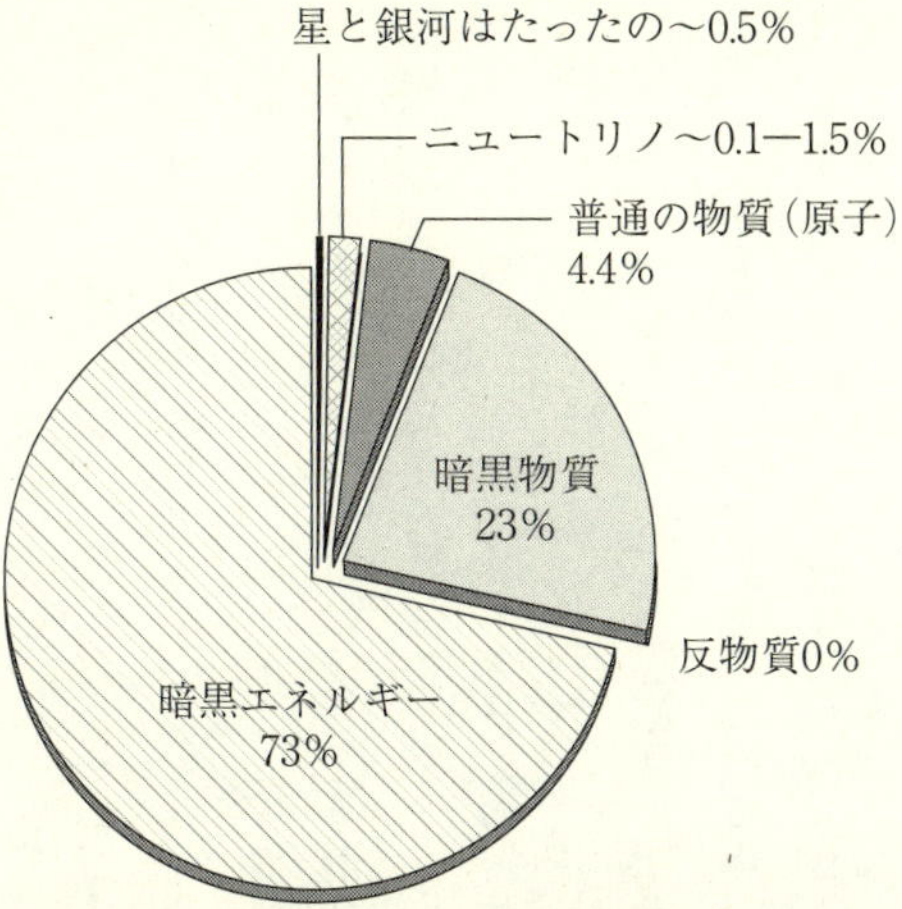

図１―２　宇宙のエネルギー構成　物質は宇宙全体の5パーセントほどで、残りの正体はまだわかっていない。

私たちは、万物は原子でできていると、学校で習ってきましたが、この宇宙にある原子を全部集めても五パーセントにもならないので、実は真っ赤な嘘だったわけです。早くこの部分についての教科書の記述が改訂されるといいなと思います。私たちは、今まで物質が宇宙の中心だと思っていました。でも、そうではなく、実は物質は宇宙の中でほんのちょっとしかないマイノリティだということがはっきりしたのです。

それでは残りは何なのかといえば、まだわかっていません。ＷＭＡＰの観測結果によると、宇宙の二三パーセントは暗黒物質で、七三パーセントが暗黒エネルギーで占められていることがわかっています。これらを足すことで、めでたく一〇〇パーセントにすることができるのですが、暗黒物質も暗黒エネルギーも、その正体がわかっていません。正体不明の謎の物質やエネルギーということで、仮の名前としてつけているにすぎないのです（図1―2）。

ただ、暗黒物質は、宇宙のはじまりから、星や銀河がどのようにできてきたのかという問題と深い関係がある不思議な物質で、私たちがなぜ存在するのかにも深く関わってきます。暗黒物質の有力な候補の一つにニュートリノの親せきが考えられています。暗黒エネルギーは、この宇宙の将来と大きく関わっています。今、宇宙はどんどん膨張していますが、少し前までは膨張する速度はだんだん遅くなっていると思われていました。ところが、膨張速度をよく調べていくと、不思議なことにだんだんと速くなっていることがわかってきたのです。この宇宙の膨張を速くしている原因が暗黒エネルギーではないかと考えられているのです。

宇宙はニュートリノであふれている

このように、宇宙の構成要素から見ると、ニュートリノは全エネルギーの〇・一～一・五パーセントほどしかなく、宇宙全体にあまり関与していないように感じてしまいます。ですが、別の見方をしてみたらどうでしょう。先ほどお見せした宇宙の構成要素は、エネルギーを見ていましたが、今度は粒子の数を比べていきます。

エネルギーでは宇宙全体の約四分の一を占めていた暗黒物質ですが、粒子の数を見てみると、一立方センチメートルあたり一〇〇〇万分の一個くらいと考えられています。ところが、ニュートリノは一立方センチメートルあたり三〇〇個もあるのです（図1―3）。

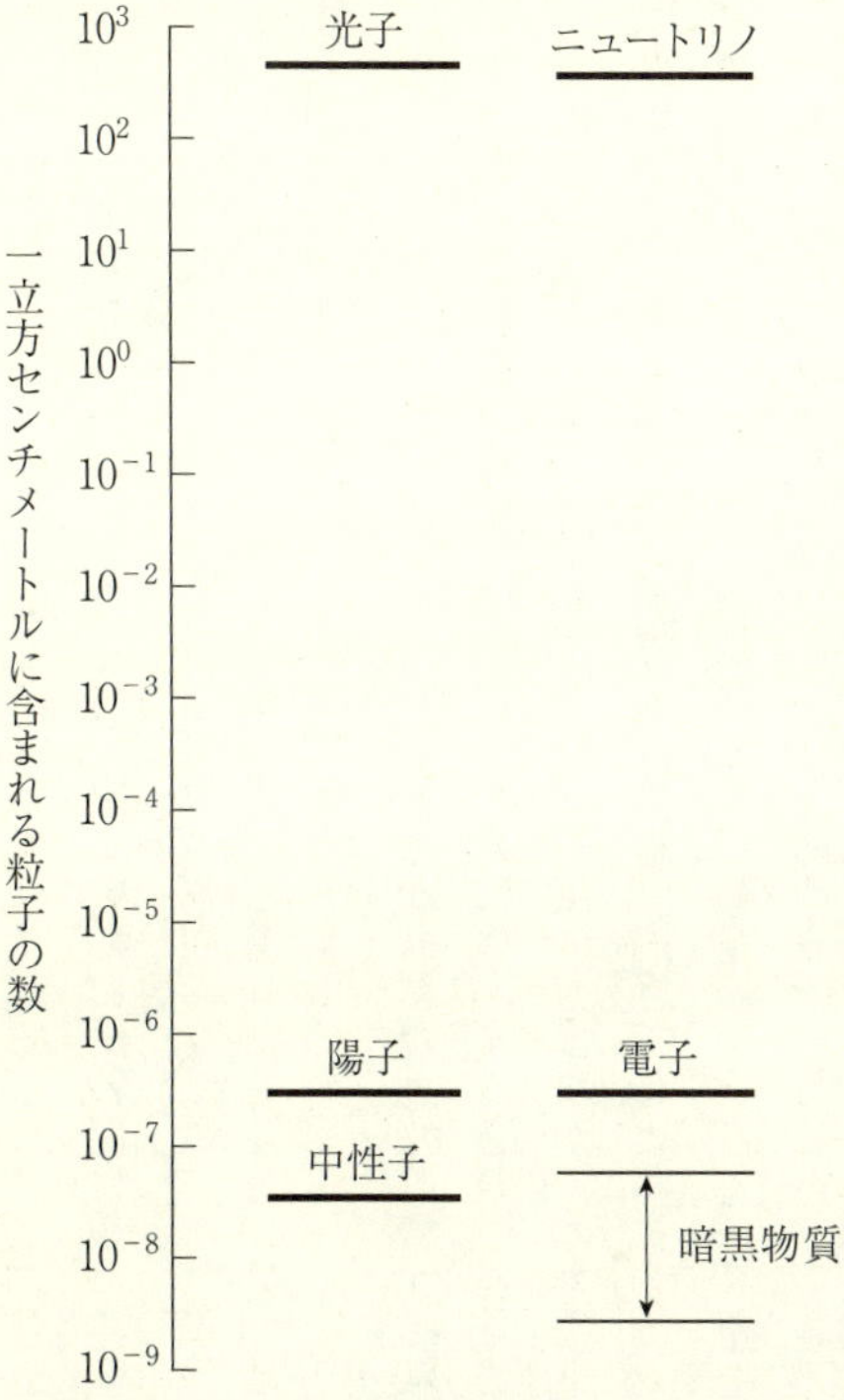

図1―3　粒子の数　宇宙に広がる粒子の数を比べると、光子とニュートリノが圧倒的に多い。

物質をつくる粒子の数でカウントしてみると、この宇宙ではニュートリノが一番たくさんあります。私たちの体をつくっている陽子、中性子、電子などはニュートリノの一〇億分の一しかありません。実は、この宇宙はニュートリノにあふれていたのです。一立方センチメートルあたり三〇〇個もあるということは、この宇宙のどこに行ってもニュートリノがあるということを意味しています。それにニュートリノは太陽などの星からたくさん出ていて、一秒間に数百兆個のニュートリノが私たちの体を通過していることになります。そんなに膨大な数のニュートリノが通過しているにもかかわらず、私たちはニュートリノに気づくことがありませんし、見たこともなければ触ったこともありません。それはいったいどうしてなのでしょう。

実は、ニュートリノはとても恥ずかしがり屋だったのです。私たちが、ある場所に粒子が存在していることを知るためには、粒子が力に反応する必要があります。陽子や中性子は重力に反応するので、他の粒子とぶつかると存在に気づきますが、ニュートリノは重力や電磁気力とは反応しないので、私たちの体をすりぬけて通り過ぎてしまいます。ですから、私たちは、自分の体を通りぬけているニュートリノのことを気にすることなく、生活しています。

それでは、どうすればニュートリノの存在を知ることができるのでしょうか。一番簡単な方法は、ものをたくさん置くことです。同じ駅のホームでも、朝の通勤時間帯と、昼間のすいている時間帯では、雰囲気が違います。通勤時間帯はたくさんの人がいて混み合っているので、急いでいるのになかなか前に進めないなんていうことがよくあります。混んでいると、注意して歩いていても人にぶつかってしまいます。

それと同じように、一つの場所にたくさんのものを置けば、たまに一つくらいはニュートリノがコツンとぶつかってくれるはずです。試しに太陽からのニュートリノを捕まえようとして、どのくらいの量の鉛の塊を置いたらニュートリノがぶつかるのかを計算してみました。そうすると、出てきた答えは、塊なんて生易しい量ではありませんでした。なんと、鉛を三光年くらいの厚さに積み重ねてやっと一回、確実にぶつかるというのです。三光年というのは、光が秒速三〇万キロメートルの速さで三年かかって進む距離ということです。だいたい隣の星までの距離にあたります。それだけの量の鉛は地球上にありませんし、積み重ねること自体できないわけですが、そのくらい恥ずかしがり屋さんで、めったなことでは他のものと反応せず、その存在自体を知ることができない、お化けのような素粒子なのです。

原子の世界を探る

私たちの体も含めて、身のまわりにある物質は、みんな原子でできています。原子をよく見てみると、真ん中に小さな原子核があって、そのまわりを電子が飛び回っている構造になっています。この構造は、太陽系の構造にたとえられることがよくあります。

原子の内部の様子がわかってきたのは、一八九〇年代後半からです。一八九七年にイギリスのジョセフ・ジョン・トムソンが、蛍光灯のようにほとんど真空状態のガラス管の両端に高い電圧をかけたときに発生する陰極線の正体が、小さな粒々であることを発見し、電子と名づけました。

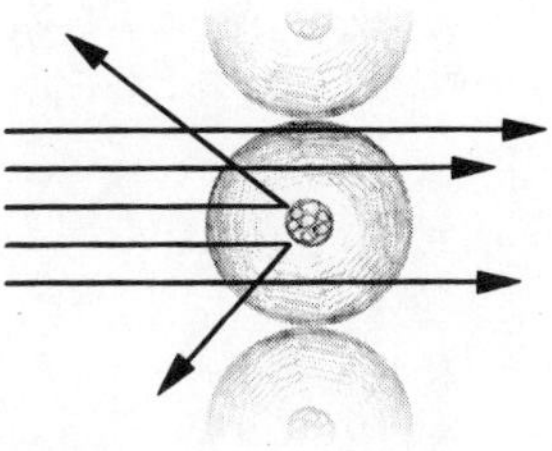

図1—4　太陽系モデル
金箔にアルファ線を撃ち込むと、ほとんどが金箔を通過するが、一部だけ跳ね返される。その結果、真ん中に原子核があり、電子はそのまわりを回っていることがわかった。

陰極線のような放電現象の他に、高温の物体から電子が飛び出る現象や、金属に光をあてたときに電子がたたき出される光電効果などといった現象が発見されるようになり、原子の中に電子が含まれていることがわかってきました。

電子はマイナスの電気を帯びた小さな粒子でした。この電子を含んでいる原子はほとんどが電気的に中性なものだったので、原子の中にはプラスの電気をもっているものがあるはずだと考えられるようになりました。このとき、原子の内部については、二つの説がもちあがりました。

一つ目はレーズンパンのように、原子の中に電子が練り込まれるように散らばっているレーズンパンモデル。二つ目が、太陽系の惑星のようにプラスの電気をもった核のまわりを電子が回っている太陽系モデルです。この二つのモデルは大きく対立をしていましたが、一九一一年に決着がつきました。イギリスのアーネスト・ラザフォードが金箔にアルファ線をあてる実験をおこなったとき、ほとんどのアルファ線は金箔を通過したのに、たまに、はじき返されるように大きく曲がってしまうものがありました。

アルファ線の正体はヘリウムの原子核なので、電子よりも重く、プラスの電気を帯びています。ラザフォードの実験から考えられることは、原子の中はほとんどスカスカだが、真ん中に芯のような核があるという原子の姿でした。つまり、二つのモデルのうち、太陽系モデルが正しいという結果になったのです（図1－4）。

さらに、一九一九年に、ラザフォードは窒素ガスにアルファ線をあてることで、窒素原子を酸素原子に変える実験にも成功しました。このとき、プラスの電気をもった新しい粒子を発見しました。それが陽子でした。この発見によって、原子核でプラスの電気をもたらすものの正体が陽子であることがわかってきました。

消えたエネルギー

この時期の少し前に放射線が発見されました。初めて放射線が発見されたのは一八九六年で、フランスのアンリ・ベクレルによるものでした。そして、一八九八年にラザフォードが放射線には三種類あることに気がつき、それぞれ、アルファ線、ベータ線、ガンマ線と名づけました。調べていくと、ベータ線の正体は電子であることがわかってきたのです。

ところが、ベータ線についてさらに詳しく調べて、ベータ線が出る前と後の全体のエネルギーを比べてみると、ベータ線が出た後のエネルギーの方が少なくなっていたのです。私たちが学校で習う物理法則の一つにエネルギー保存の法則があります。これは、反応する前の状態のエネルギーをすべて足しあわせたものと、反応した後の状態のエネルギーを足しあわせたものは、同じ値を示すというもので、物理学の中でも基本中の基本といえる法則です。

それにもかかわらず、ベータ線を出すベータ崩壊はこのエネルギー保存の法則が守られずに、反応の後にエネルギーが減ってしまい、エネルギーの一部がどこかにいってしまうという、おかしな状態が起こっていたのです。これには当時の物理学者たちも困ってしまいました。なぜこのようなことが起こるのか、誰にもわからなかったのです。量子力学の基礎をつくったニールス・ボーアでさえ、「原子核は、あまりに小さいものだから、私たちの想像を超えた世界なのかもしれない。もしかしたらエネルギーというのは実は保存しないのではないか」といい出すほどでした。

パウリの予言

そのような状況で、一人だけ、みんなと違うことをいう人がいました。ヴォルフガング・パウリです。パウリは「確かにエネルギーが減っているように見えるけれども、これはきっと見かけのことで、本当は、エネルギーが保存されているに違いない」という仮説を立てたのです。

ここで彼がいい出したのは、実は見えない粒子があるというものでした。ベータ線が出た前と後ではエネルギーが保存されているように見えないけれど、実は、見えない粒子が発生していて、それが逃げ出してしまったために、見える部分だけを足しあわせてもエネルギーが足りないと感じるだけであると説明しました。

私たちの目にも、パウリの仮説はとても画期的に映りますが、当時の考え方からすると、掟破りというか、ものすごくタブーなことでした。というのも、説明のつかない現象の原因を誰も見たことがない粒子に求めてしまうと、何でもアリになってしまいます。これは相当な根拠がなければ受け入れられるものではありませんでした。当然、パウリの仮説は評判がよくありませんでした。

パウリ自身も、自分の仮説の評判がよくないことはよくわかっていたようで、実際、「誰も見たことがない粒子というのは苦し紛れの説明だ」と釈明しています。「見えない粒子」といったはいいけれど、後ろめたさがあったのでしょう。「この粒子はどんなにがんばって実験しても捕まらないので、捕まらない方にシャンパンを一ケース賭ける」と発言したという話も伝わっています（図1―5）。

この仮説を立てたとき、パウリはこの見えない粒子に名前をつけました。この粒子は電気的に中性であることが予想されていたので中性子とよんだのです。ところが、パウリが仮説を立てた

図1―5　パウリの賭け　パウリは、ニュートリノの存在を予言したものの、実際には見つかるはずはないと思い、シャンパン1ケースを賭けた。

二年後の一九三二年に、イギリスのジェームズ・チャドウィックが原子核の中に、陽子の他にもう一つ粒子があることを発見しました。それも中性の粒子だったので、チャドウィックはその粒子を中性子と名づけてしまったのです。当時は商標登録などもありませんでしたので、パウリの方が早く名前をつけていたのですが、実際に新しい粒子を見つけたチャドウィックに、中性子という名前を取られてしまったのです。

皆さんは、まだ見つかっていない粒子なのだから、名前がなくなっても困ることはないだろうと思うかもしれませんが、一人だけ、とても困った人がいました。この目に見えない新しい粒子の理論を一生懸命考えていたイタリア人のエンリコ・フェルミです。

彼は、パウリの予言した粒子について研究して、論文を書こうと思っていましたが、粒子の名前がなくなってしまってはそれもできません。そこで、新しい名前をつけることにしたのです。そして考えられたのがニュートリノという名前でした。中性子は英語でニュートロンといいます。そこに「小さいもの」という意味を表すイタリア語の接尾語、イーノをつけてニュートリノとしました。赤ちゃんのことを「バンビーノ」とよぶのはご存じかもしれませんね。ニュートリノという名前は、中性子のように「電気的に中性でとても小さい粒子」という意味になるのです。ニュートリノ日本語では昔は中性微子と訳していましたが、今ではそのままニュートリノとよんでいます。

原子力発電所から見つかった幽霊の正体

パウリが予言した見えない粒子は、めでたくニュートリノという名前がついたわけですが、この粒子は当のパウリ自身も、いくら実験しても見つからないだろうと思っていたくらい、探すのが難しいものでした。何しろ、ニュートリノは恥ずかしがり屋なので、なかなか捕まえることができないからです。

ところが、やはり実験家はすばらしいもので、がんばって実験をして、ニュートリノを発見することに成功したのです。ニュートリノを発見したのはアメリカのフレデリック・ライネスとクライド・カワンの二人です（図1―6）。

まず、二人は、どうやったらニュートリノを捕まえられるかを考えました。ニュートリノはベータ崩壊から予言されたものなので、原爆の実験をしている場所のそばで実験をすればいいのではないかと考えました。しかし、検討していくうちに、原爆実験のそばは危険だということにな

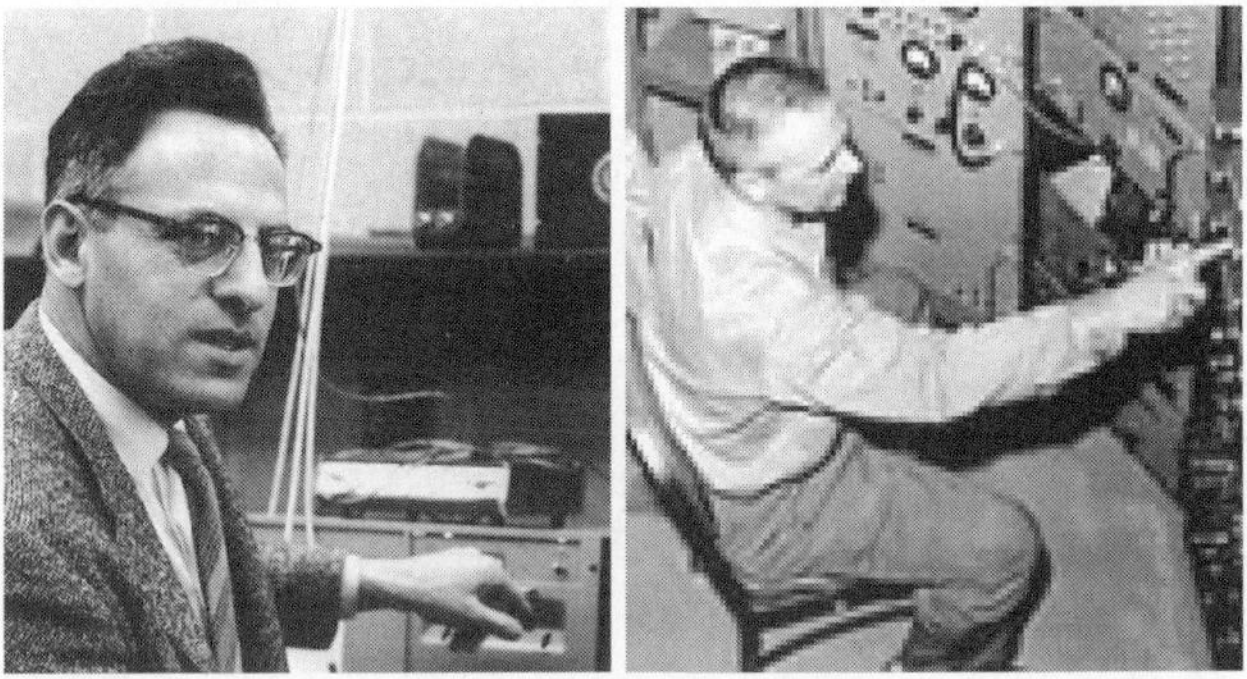

図1―6　ニュートリノの発見者　ライネス（左）とカワン（右）。

り、その代わりに、原子力発電所のそばで実験をすることにしたのです。

何度もいっていることですが、ニュートリノはほとんどのものを通りぬけてしまうお化けのような粒子です。二人は、そのニュートリノを探す実験装置に、幽霊が関係している心霊現象という意味のポルターガイストという名前をつけたのです。つけた名前がよかったのかどうかはわかりませんが、二人は一九五四年に初めてニュートリノが本当に存在するという証拠をつかみました。

それが見つかった瞬間、二人は喜んでパウリのところへ「俺たちはニュートリノを捕まえた」と電報を送りました。パウリはその報告を受けて、ちゃんとシャンパンを一ケース分の小切手を送ったそうです。パウリがニュートリノ仮説を発表してから実際に見つけるまで、実に二四年の歳月が費やされたわけです。

第2章　素粒子の世界

宇宙はたくさんの素粒子からできている

この宇宙を細かく見ていくと、素粒子でできていることがわかります。ニュートリノももちろん、素粒子の一つです。ここで、素粒子について話をしていきましょう。前章で、原子の中では、原子核のまわりを電子が回っているという話をしました。原子は一〇〇〇万分の一ミリメートル（約10^{-10}メートル）ほどの大きさで、私たちからすればとても小さく感じるものですが、原子核や電子はもっと小さいものです。

原子の真ん中にある原子核の大きさは原子の一〇万分の一しかありません。原子が地球の大きさだとすると、原子核は野球場くらいの大きさしかないのです。そして、そのまわりを野球のボールより小さい電子が回っています。原子核も電子も原子のサイズから見ればとても小さいものなのに、組み合わさると原子の大きさになるのは、原子核のまわりを電子が回っているからです。ですから、原子はものがたくさん詰まっているように見えますが、中身はスカスカなのです。

原子の中から電子や原子核が見つかったことによって、素粒子の世界はとても小さなものになりました。地球くらいの大きさを対象にしていたところから、一気に野球場やボールのようなものになったので、見るのがとてもたいへんになったのです。電子はそれ以上分割することのできない粒子でしたが、原子核の方は、まだその内側に陽子と中性子がありました。さらに、陽子と

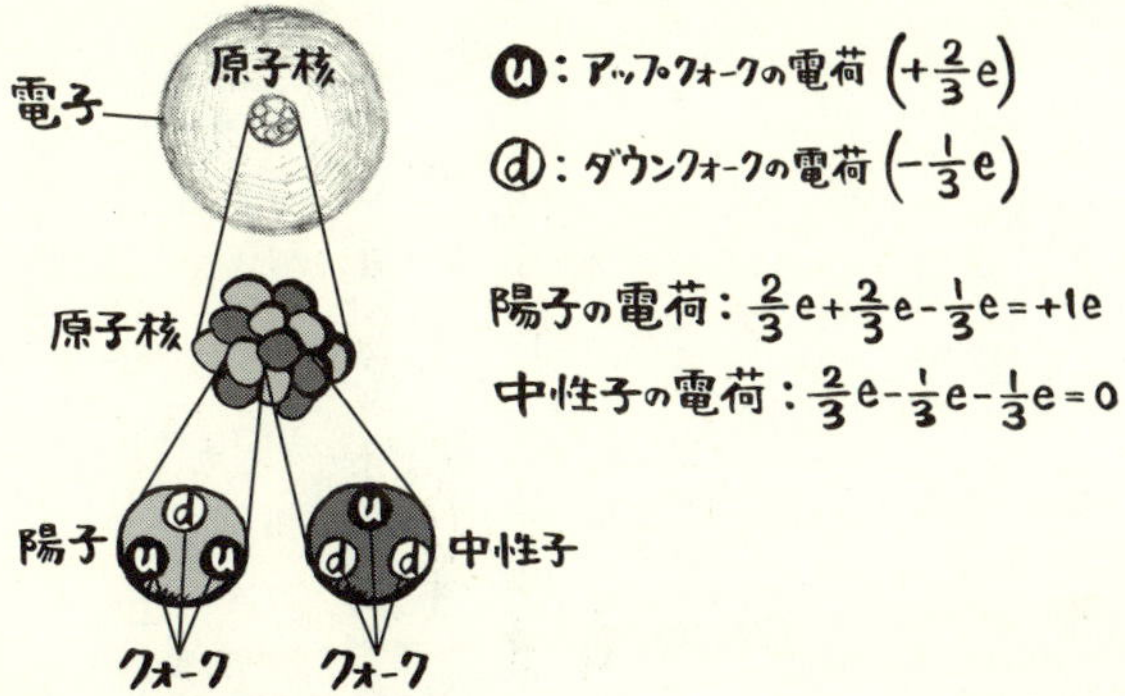

図２―１　原子の中　原子とはもともと「これ以上分割できない粒子」という意味だったが、電子やクォークにまで分割できることがわかっている。

中性子を見てみるとクォークでできていることがわかりました（図２―１）。

陽子と中性子は重さや大きさはほぼ同じですが、陽子はプラスの電荷をもっているのに対し、中性子は電気的に中性です。この違いはどこからくるのかといえば、クォークの組み合わせです。陽子も中性子もアップクォークとダウンクォークからつくられています。陽子は二個のアップクォークと一個のダウンクォークでできていますが、中性子はアップクォーク一個とダウンクォーク二個の組み合わせです。私たちの感覚からすれば、クォークが一個入れ替わっただけの小さな違いに感じますが、その一つの違いで、電荷が生まれるか、生まれないかという大きな違いをつくります。

私たちのまわりの物質を、バラバラにしていくと、電子、アップクォーク、ダウンクォークの三種類の素粒子に行きつきます。それでは、この三種類の素粒子だけでこの宇宙をつくっているのかといえば、そうではありません。私たちの体をつくる原子を分割していくと、この三種類の素粒子が出てきますが、この宇宙ではそれ以外にもたくさんの素粒子が発見されています。少し歴史を整理してみましょう。

陽子と中性子はクォークからできている

最初に発見された素粒子は、前章でも触れましたが電子です。一八九七年のことでした。そして、一九三七年にミューオンという粒子が発見されました。このミューオンは宇宙からやってくる高エネルギーの放射線である宇宙線が空気中の酸素分子や窒素分子などとぶつかることによってできるたくさんの粒子の中から見つかったものです。見つかったのはよかったのですが、このミューオンは何に使われているのかよくわからなかったのです。電子のようにマイナスの電荷をもち、性質も電子によく似ているのですが、なぜか重さが電子の二〇〇倍もありました。原子の中に使われているわけでもなく、なぜ電子の二〇〇倍の重さがあるのかもよくわからずに、多くの物理学者は困惑しました。あまりに困ってしまって、「いったいこんなもの、誰が注文したんだ」と怒ってしまう人もいたくらいだったのです。結局、ミューオンは重いけれど電子によく似ているということで、電子の兄弟分の粒子と考えられるようになりました。

その次に発見されたのが、一九五四年のニュートリノでした。私たちは、ふつうにニュートリノとよんでいますが、実はこのよび方は正確ではありません。研究を進めるうちに、ニュートリノには三種類あることがわかってきました。一九六二年には、性質のよく似た二つ目のニュートリノであるミューニュートリノが発見されています。ちなみに、最初に発見されたニュートリノは正確には電子ニュートリノという名前になります。三つ目のニュートリノはなかなか見つからなかったのですが、これについてはまた後ほどお話しすることにしましょう。

さらに、一九六四年には、アメリカの物理学者マレー・ゲルマンとジョージ・ツバイクが陽子や中性子などの粒子がクォークによってつくられていることを予言するクォークモデルを発表しました。クォークという名前はゲルマンがつけたものです。彼は、アイルランドの小説家ジェームズ・ジョイスが書いた小説『フィネガンズ・ウェイク』に出てくる鳥の鳴き声からこの名前にしたそうです。当時、クォークは三種類あると考えられていました。小説の中では鳥が「クォーク」と三回鳴くシーンが描かれていたことから、これにちなんだともいわれています。

三種類のクォークは、アップ、ダウン、ストレンジと名づけられました。アップとダウンは陽子や中性子をつくる要素になっているのですが、ストレンジは何に使われているのかあまり説明ができなくて、物理学者は困ってしまいました。ただ、とても奇妙だったので、「奇妙な」という意味のストレンジとよぶことにしたのです。

電子とミューオンの関係のように、このストレンジクォークとダウンクォークはまったく同じ性質をもっていることから、電子とミューオンと同様、兄弟分と考えられました。唯一、違ったのが重さで、ストレンジクォークの方が重かったのです。

素粒子はみな三兄弟

このような発見が続くと、なぜだかわからないけれど、素粒子と考えられている電子、ニュートリノ、クォークにはそれぞれ兄弟分がいるのではないかと考えられるようになってきました。この時点で発見されていたのは、電子とミューオンの兄弟、電子ニュートリノとミューニュートリノの兄弟、ダウンクォークとストレンジクォークの兄弟と、アップクォーク以外は兄弟となる素粒子が発見されていました。そうすると当然、アップクォークにもまだ発見されていない兄弟分がいて、クォークは全部で四種類あるのではないかという雰囲気になってきたのです。

そのような中で、二〇〇八年にノーベル物理学賞を受賞することになる小林誠博士と益川敏英博士が、世界中の物理学者を驚かせる理論を発表します。それが、ダウンクォークとアップクォークはそれぞれ三兄弟で、クォークは全部で六種類あるというものでした。この理論は小林―益川理論と名づけられたわけですが、なぜ、二人はクォークが二兄弟ではなく、三兄弟であるといったのでしょうか。

ひと言でいうと、二兄弟と三兄弟では、できる世界が違ってくるからだ、というのです。たとえば、ある図形を鏡に映すと左右が反対に見えるようになります。このような現象を対称性といいますが、クォークにもこの対称性が必要で、この対称性をつくるためには三つ以上のクォークの兄弟が存在しなければならないという理論に行きついたのです。詳細はこの章の終わりで述べることにします。

一九七三年に小林―益川理論が発表されてから、新しい素粒子を探すためにたくさんの実験がおこなわれました。そして、一九七四年にアップクォークの兄弟分であるチャームクォークが発見され、一九七五年には電子の新しい兄弟分であるタウ粒子が見つかりました。電子もこれまで二兄弟だったのですが、この発見で電子、ミューオン、タウの三兄弟になりました。この発見によって、素粒子の世界はどの種類のものも三兄弟である可能性が示されたのです。

そして、一九七七年にダウンクォーク兄弟の三番目であるボトムクォークが発見されました。このボトムクォークの発見で、ボトムクォークとダウンクォークとストレンジクォークは三兄弟となり、小林、益川の両博士がいうように、確かにダウンクォークとアップクォークも三兄弟だということが信じられるようになってきたのです。

ところが、最後のアップクォーク兄弟の三番目がなかなか見つかりませんでした。一九七〇年代からずっと探してきて、やっと一九九五年に見つかったその兄弟はトップクォークと名づけられました。トップクォークは電子の約三四万倍もの重さがあり、他のクォークと比べて桁はずれに重い粒子でした。重い素粒子は見つけるのにたくさんのエネルギーが必要になります。そのため、二〇年以上も時間がかかってしまいました。

そして、一九九八年に、ニュートリノの三番目の兄弟であるタウニュートリノが発見されました。名古屋大学とアメリカのフェルミ国立加速器研究所の共同グループがとても大きな写真乾板を使ってとらえることに成功したのです。ニュートリノは恥ずかしがり屋なので捕まえるのが難しいものです。その中でも、タウニュートリノは特に難しいものでした。理論的にあることはわかっていても、実際に証拠を示すことがなかなかできなかったので、これはとても大きな発見でした。

素粒子にフレーバー？

結局、小林博士と益川博士の予言通り、クォークはアップクォークの仲間とダウンクォークの仲間がそれぞれ三つずつ見つかりました。アップクォークの系列は$+\frac{2}{3}$の電荷をもち、ダウンクォークの系列は電荷が$-\frac{1}{3}$になります。この二つの系列は、重さによって三つの世代に分けることができます。一番軽いアップとダウンは第一世代、その次のチャームとストレンジが第二世代、一番重いトップとボトムが第三世代となります。さらに、電子とニュートリノたちも重さによって

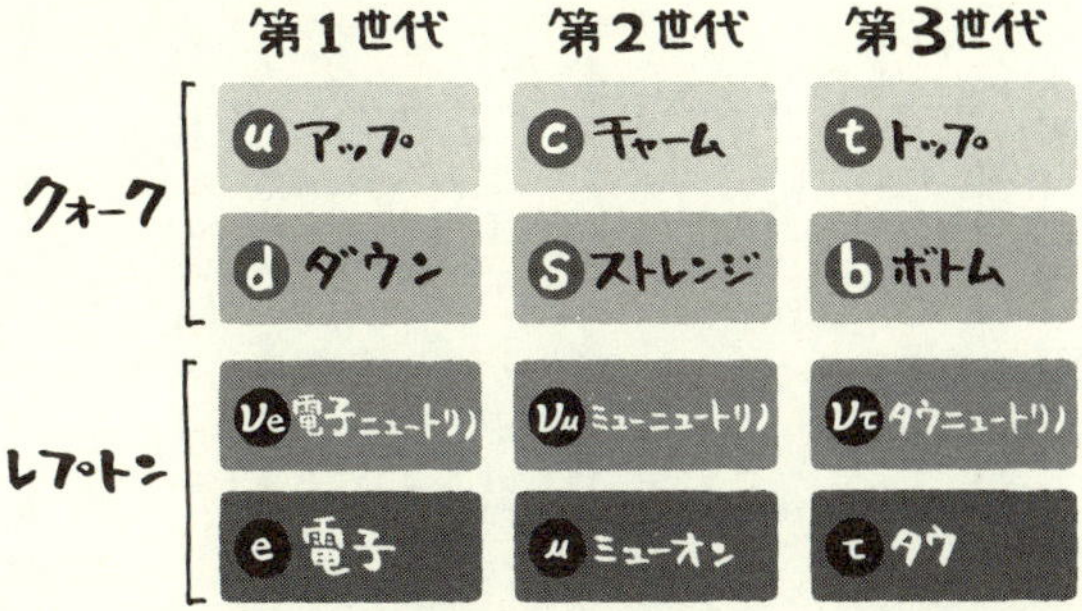

図2―2　物質をつくる素粒子　物質をつくる素粒子はクォークとレプトンに分けられる。クォークとレプトンは3世代に分かれている。

クォークと同じように三世代に分けられます。やはり一番軽い電子と電子ニュートリノが第一世代、その次の重さのミューオンとミューニュートリノが第二世代、一番重いタウとタウニュートリノが第三世代です（図2―2）。

電子とニュートリノの兄弟たちはクォークと区別するために、軽い粒子という意味のレプトンとよばれています。クォークもレプトンも三つの世代に分かれていて、それぞれの世代に二種類ずつ素粒子が存在しています。素粒子の世界にこのような秩序があることは驚くべきことです。ただ、なぜ、このような秩序があるのかがまだ完全には明らかになっていません。このような秩序が存在すること自体、とても不思議なことなのです。

これまでの話をまとめると、クォークとレプトンは三世代に分かれた一二種類の粒子があります。この種類の違いをフレーバーといいます。フレーバーという言葉は、アイスクリーム屋さんなどでよく耳にする言葉で、食品の香りや食感をまとめて表現するときによく使われます。素粒子の場合は、香りや食感があるわけではありませんが、クォークやレプトンの性質の違いのことをフレーバーと表現しているのです。

力は粒子のやりとり

今、登場したクォークとレプトンは、すべて物質を形づくるのに関係している素粒子で、これらをまとめてフェルミオンとよんでいます。実は、フェルミオンの他にも素粒子の仲間がいるのです。それがボソンとよばれる素粒子たちです。

フェルミオンが物質をつくる素粒子であるのに対し、ボソンは力を伝える素粒子です。素粒子の世界では、力も素粒子で表現されているのです。ふだん、目で見ることのできない力が、実は粒子だったというだけでも、皆さんにとっては意外なことなのではないかと思います。私たちは日常生活の中で、摩擦力、遠心力、表面張力、垂直抗力など、たくさんの力と接しています。なので、力はたくさんの種類があると思いがちですが、よく整理していくと、この宇宙に力は電磁気力、強い力、弱い力、重力の四種類しかありません。そして、それぞれの力には、その力を伝える素粒子があります。

まず、電磁気力は、光子によって伝えられます。光子というのは、光が粒子になった姿です。光には波のようにふるまうときと粒子のようにふるまうときがあります。ニュートンの時代から、光は波なのか粒なのかという論争がありました。光は波のようにも見えるし、粒のような性質も示すので、いったいどっちなんだとたくさんの人たちの頭を悩ませたのです。

でも、よくよく調べていくと、私たちの目にする光は波のようにふるまいますが、ミクロの世界では粒としてのふるまいが強くなってくることがわかりました。結局、光は波と粒の両方の顔をあわせもっていたのです。それで、この光が粒としてふるまう光子は、電磁気力を伝える粒子としても働くことがわかりました。たとえば、磁石がくぎを引き寄せる場合でも、ミクロのレベルで見ていけば、磁石とくぎの間で光子をキャッチボールするようにやりとりすることで、電磁気力が発生することになるのです。

強い力と弱い力は、この名前だけを聞いても何のことだかよくわからない人がほとんどだと思います。この二つの力は正確には強い核力と弱い核力といいます。核というのは原子核のことなので、もう少し詳しくいうと、これらの力は原子核の中で働く強い力と弱い力を意味しています。

強い力も弱い力も原子核の直径よりも短い距離でしか働かないので、ふだん、私たちは感じることができません。でも、確実に存在していて、私たちが存在することにも大きく関わっているのです。

強い力の理論をはじめてつくったのは湯川秀樹博士です（図２―３）。湯川博士は、チャドウ

図2—3　素粒子物理学を切り開いた湯川秀樹博士　1949年にノーベル物理学賞が贈られた。

ィックが中性子を発見したときに、陽子と中性子が原子核の中に収まっていることに大きな疑問を感じました。プラスの電荷をもった陽子と電荷をもっていない中性子がなぜ、バラバラにならないで原子核をつくることができるのだろうと思ったのです。

一九三〇年代に知られていた力は重力と電磁気力だけでした。原子核の中では複数の陽子と中性子がくっついていました。プラスの電荷をもつ陽子と電荷をもたない中性子がくっついていること自体不思議なのですが、もっと不思議なのは、マイナスの電荷がないのにプラスの電荷をもつ陽子同士が反発しないで一つの場所に集まっていることです。

湯川博士は、電磁気力以外に、原子核の中で陽子と中性子をくっつける力が働かないと、原子核を維持することはできないと考え、その力の正体を突き止めようとしたのです。この当時、重力の正体はまだわかっていませんでしたが、電磁気力の正体は光子であることがわかっていました。湯川博士は、原子核の中で陽子と中性子をくっつけている力にもこの考え方を当てはめていくことにしたのです。つまり、陽子と中性子の間で何らかの粒子をやりとりすることで、力が働いていると考えたわけです。

最初に湯川博士が考えたのが、電子が陽子と中性子をくっつける力を生みだすというモデルでした。ところが、計算してみると電子では陽子と中性子をくっつけるだけの力を生みだすことができないことがわかりました。その次に考えたのが、パウリの予言したニュートリノを活用することでした。正確にいうと、湯川博士はニュートリノの反粒子である反ニュートリノを使っています。

湯川博士はイタリアの物理学者エンリコ・フェルミが一九三三年に書いた論文を目にします。内容は陽子と中性子が電子とニュートリノ（または反ニュートリノ）を交換することで、お互いに入れ替わることができるというものでした。この論文をヒントに、湯川博士は電子と反ニュートリノの二つの粒子を使って陽子と中性子をくっつけることができるのではないかと考えるようになりました。一つではなく二つの粒子を使えば、大きな力をつくることができるのではないかと発想したのです。ところが、この試みも失敗に終わります。電子と反ニュートリノを組み合わせても陽子と中性子をくっつけるだけの力を生みだすことができなかったのです。

強い力の正体

当時はまだクォークもレプトンもあまり発見されていない時代でした。知られている粒子で陽子と中性子をくっつけることはできなかったので、湯川博士は、まだ発見されていない粒子でその力が生みだせないかと考えたのです。陽子と中性子をくっつける力はあまり遠くまで働きません。力の届く距離から計算していくと、電子の二〇〇倍ぐらいの重さをもつ粒子があれば、必要な力をつくることができるとわかりました。この重さは陽子と電子の中間なので、中間子と名づけられ、湯川博士の理論は中間子論とよばれるようになりました。

湯川博士が中間子論を発表した一九三〇年代は、欧米の研究者が物理学の世界をリードしていました。また、理論よりも実験が重視されていた時代でもあり、まだ発見されていない粒子を想定する理論はあまり受け入れられませんでした。湯川博士は科学雑誌に論文の掲載を拒否されたり、量子力学の基礎をつくった巨匠ニールス・ボーアから「きみはそんなに新しい粒子が好きかね」と嫌味をいわれたり、ほとんど相手にされませんでした。

湯川博士にしてみると、中間子論の提案は単なる思いつきではなく、既に知られている粒子を検討しつくした結果として行きついたものなので、必ずあるはずだという確信をもっていました。坂田昌一博士、谷川安孝博士らの日本人研究者の協力もあり、中間子論は発展していき、湯川博士の予言から一二年後の一九四七年に中間子（パイ中間子）が発見されました。

このパイ中間子は陽子と中性子をくっつけているように見えていましたが、その後の研究によって、陽子、中性子は三つのクォークによってつくられており、中間子はクォークと反クォークによってつくられていることがわかりました。そして、クォーク同士やクォークと反クォークをくっつけているのが強い力だったのです。

強い力を生みだしているのは、グルーオンという粒子でした。グルーオンのグルーとは糊《のり》（接着剤）という意味で、オンは粒子を表す接尾語なので、この言葉を日本語訳すると糊粒子と表現できます。強い力には、クォークや反クォークを狭い範囲にくっつけて離さないようにするというイメージがあるので、その力を媒介する粒子に糊と名づけたのでしょう。

弱い力の正体

一方、弱い力はニュートリノととても深い関係があります。原子がベータ線を放出するベータ崩壊は、よく調べてみると中性子が陽子に変化して、電子とニュートリノを放出していました。このとき、電子とニュートリノを放出するもとになっているのが弱い力だったのです。中性子が弱い力を媒介するウィークボソンという粒子を手放すことで陽子に変化していて、手放されたウィークボソンが電子とニュートリノになっていたのです。

ちなみに、ニュートリノが四世代でも、五世代でもなく、三世代であることは、このウィークボソンの一つであるZボソンによって証明されたのです。Zボソンが壊れるとニュートリノが生まれます。このとき、Zボソンの壊れる確率を調べていくと、ニュートリノは二種類でも、四種類でも、五種類でもなく、三種類であることがわかり、種類をキチンと追い詰めることができたのです。

また、弱い力は放射性物質の自然崩壊に関わっています。地球の内部は六〇〇〇度Cもの高温を保っていて、液体金属でできた外核やマントルが対流する内部の活動を支えているのですが、太陽から送られるエネルギーだけではこれだけの温度を維持することができません。つまり、地球の内部から、活動を支えるだけのエネルギーが供給されているわけですが、弱い力がそれに関わっているのです。地球の内部では、たくさんの放射性原子が自然崩壊を起こし、熱を放出しています。その熱が内部の温度を保つのに使われています。

四つの力の統一に向けて

ここまでの話をまとめると、力は素粒子によって伝えられており、そのような素粒子のことをボソンといいます。四つの力のうち、電磁気力は光子、強い力はグルーオン、弱い力はウィークボソンというように、それぞれの力を伝えるボソンが発見されています。ところが重力だけは見つかっていません（図2―4）。

重力を伝えるボソンは重力子（グラビトン）という名前がついていますが、まだ発見されていないのです。これは重力が他の三つの力に比べて格段に力が小さいことと関係があると考えられ

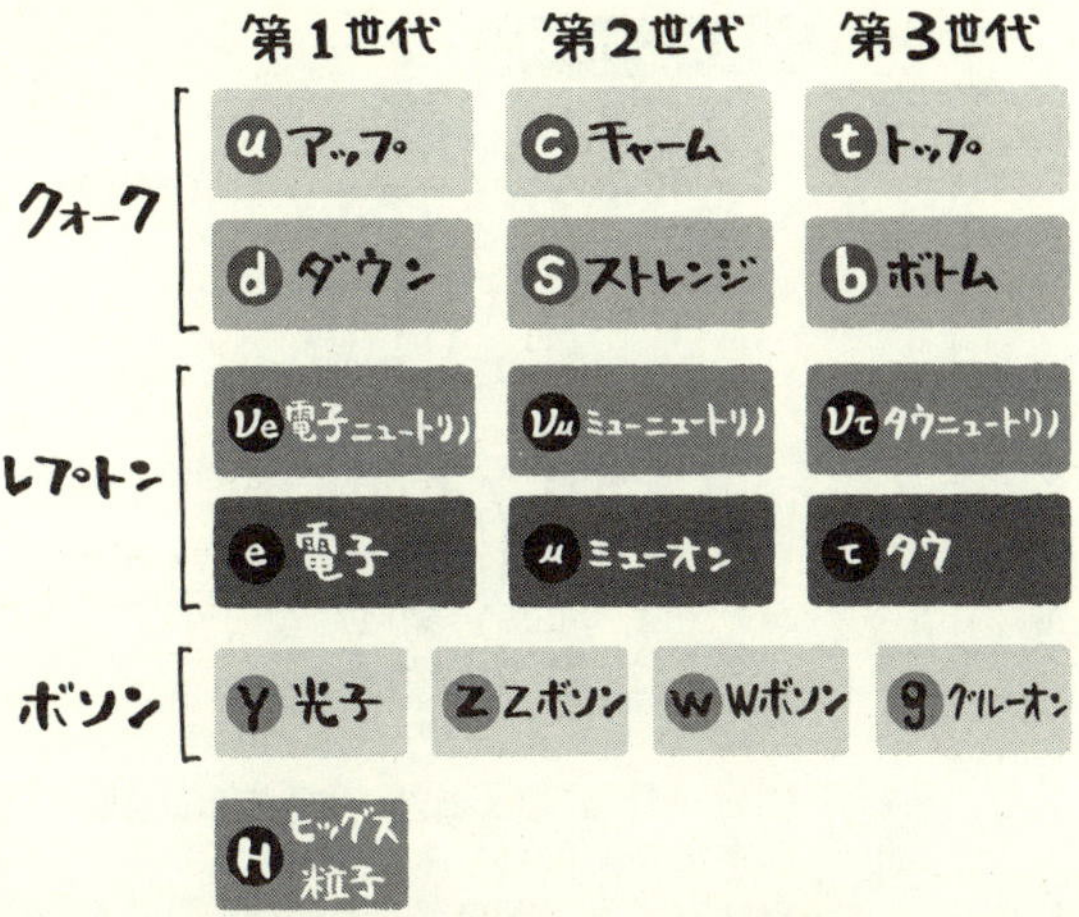

図2—4　標準理論であつかわれている素粒子　物質の最小単位である素粒子は全部で17種類あり、物質を形づくるクォークとレプトン、力を伝えるボソン、そしてヒッグス粒子の3つに分類できる。これを標準理論という。

ています。重力子の発見は、素粒子物理学の大きな課題の一つですが、スイスのジュネーブにある欧州合同原子核研究機構（CERN）の大型ハドロン衝突型加速器（LHC）では重力子の効果も観測できるのではないかと期待されています。

ここまでの話で、この宇宙は、物質も力も素粒子でできていることがわかってきたと思います。そうすると、次に興味が湧くのが、この宇宙はどのようにつくられてきたのかということです。物理学者たちは、そのことを明らかにするために、標準理論というものをつくってきました。

ボソンの説明のときに、この宇宙には

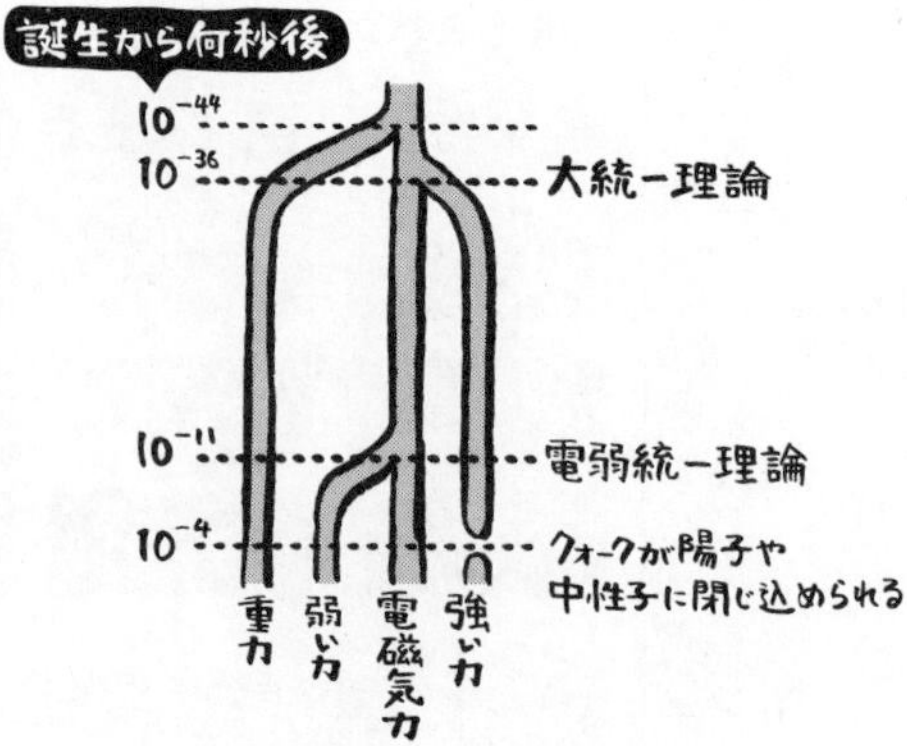

図2―5　電磁気力、弱い力、強い力　力は宇宙が誕生したあとに別れていったと考えられている。電磁気力と弱い力は電弱統一理論で統一されたが、それに強い力を加えた大統一理論は未だに完成していない。

四つの力があるといいましたが、物理学者は、この四つの力のすべてを一つの理論で説明しようと努力してきました。古くはアインシュタインが当時知られていた重力と電磁気力を統一しようとしましたが、それを果たすことはできませんでした。

その後、強い力と弱い力が見つかってきて、まず、電磁気力と弱い力が統一され、電弱統一理論というものがつくられました。その次は、そこに強い力を取りこんで大統一理論をつくる動きが出てきました。ところが、大統一理論は、まだ完成していません。現在は、その前の段階で、この三つの力を何とか同じ枠組みで説明できるところまではたどりつきました。その枠組みが標準理論です（図2―5）。

これは長い間研究を積み重ねてきたもので、電磁気力と弱い力を統一した、グラショウ、サラム、ワインバーグや、南部陽一郎博士、小林誠博士、益川敏英博士といった面々が、標準理論をつくるのに大きく貢献しました。

この標準理論の枠組みがほぼできあがったのが一九七〇年代ですが、そこから三〇年ほど、どんな実験をおこなっても、すべて標準理論の予言通りの結果が出てくるという時代が続きました。私は、素粒子についてさまざまな実験のデータを集めた本をつくることに参加しています。その本は七〇〇ページもあり、その中にびっしりと数字が書き込まれていますが、どの数字も基本的にすべて標準理論と整合するという、とても成功した理論だったのです。

標準理論では、クォークは三世代六種類の粒子が存在すると示されています。これは先ほどもお話しした小林―益川理論で予言されたことでした。先ほども少し触れましたが、なぜ、小林博士と益川博士はクォークが三世代六種類あるといったのでしょうか。実は、この理論はクォークが三世代六種類あることを示したかったのではありません。これからお話しするＣＰという対称性が破られるためには、三世代六種類のクォークが必要だといったのです。

これは微妙な違いなのですが、とても重要なことです。素粒子の世界には対称性という言葉がよく出てきます。この対称性は、よく、鏡の中の世界にたとえられます。私たちの体を鏡に映すと、鏡の中には左右反転した像がつくられます。素粒子の世界にも、鏡に映したように左右が反転した粒子が存在します。もう少し詳しく見ていきましょう。

CP対称性の破れ

みなさんは、右と左の本質的な違いや意味といったものを説明することはできるでしょうか。もちろん、どちらが右で、どちらが左かはわかっていますが、本質的な違いといわれると困ると思います。たとえば、右手と左手の違いでも、「鉛筆をもって文字を書く方が右手だ」と主張しても、世の中には右利きの人と左利きの人の両方が存在します。

右と左の区別はあるものの、ある日突然、この世界が完全に左右反転しても、ほとんどの物理法則は変わりませんので、特に不都合はないと思います。重力にも、電磁気力にも、強い力にも、左右の概念はないので、左右を反転させてもそれに影響を受けることはないのです。実は、素粒子物理学では、左右だけでなく、上下や前後を反転させても物理法則は変わらないことになっていて、そのように空間を反転させることをパリティ変換といいます。そして、左右や上下を入れ替えても物理法則に変化がないことをパリティ対称性とよぶのです。

このパリティ対称性がCP対称性のPの部分ですね。では、Cは何を意味するのかといえば、粒子と反粒子の入れ替えのことで、荷電共役といいます。この変換によって粒子を反転すると、その粒子に対応する反粒子になります。つまり、C対称性が保たれていれば、粒子から反粒子に変換することができるのです。

昔は、P対称性はいつでも保存されていて、空間を反転させても物理法則などは変わらないと思われていました。ところが、素粒子の研究が進むと、このＰ対称性が保存されていない粒子が発見されたのです。調べてみると、どうやら弱い力はＰ対称性を破り、保存しないことがわかってきたのです。

でも、物理学者にとって保存則が破られるのはあまり気持ちがいいものでありません。そこで、何とか保存則を守るような理論を考える人たちがいました。そこで考えられたのが、Ｐ対称性は破られていても、Ｃ対称性も組み合わせるとちゃんと保存しているというものです。こうすれば弱い力も、他の三つの力と同じように、これまでの物理法則に従うというのです。

物理学者たちも、これで一安心と胸をなでおろしたのですが、すぐにこの考えがまちがっていることが明らかになりました。一九六四年にＫ中間子でＣＰ対称性が破られてしまう現象が見つかったのです。この現象が現れるのは一〇〇〇分の一の確率で、きわめてまれなものなのですが、ＣＰ対称性が破られてしまったので、世界中は大騒ぎになりました。

専門家以外の人から見れば、ＣＰ対称性が破れても、あまり問題がないと思うかもしれませんが、これは自然界の秩序に関わる大問題なのです。自然界の秩序をなるべくシンプルな法則で説明するには、なるべく対称性が保存されていた方がいいわけです。Ｐ対称性が破られていることがわかると、少し強引にＣＰ対称性を考え出したわけですが、そのＣＰ対称性が破られていたわけです。なぜ問題になるかというと、それを説明するための別の秩序や法則がさらに必要になるからです。

小林―益川理論の登場

その危機を救ったのが小林―益川理論でした。この理論では、クォークが三世代六種類あれば、CP対称性の破れが説明できるというのです。ここで疑問となるのが、なぜ、クォークが三世代だったらCP対称性の破れが説明できるのかということです。これは簡単に説明できる話ではないのですが、ポイントを話すと、二世代でなく三世代であることがとても大切なのです。

たとえば、空間に点を二つ置いたときは、その点を結ぶと直線しか描けません。ところが、三点になると三角形のような平面の図形が描けるのです。CP対称性は素粒子に現れる対称性の一種です。たとえばC対称性のときに現れる反粒子は、粒子を線対称のようにひっくり返したようなものです。CP対称性も、ひっくり返したときにもとの粒子と区別がつかなければ対称性が保存されているといえますが、区別がつくと対称性が破れていることになります。

点が二つの場合、それを結んでできる直線はひっくり返しても同じように見えますので区別がつかず、対称性が保存された状態になります。ところが、点が三つになると直線だけでなく、三角形もできるようになります。三角形は二等辺三角形や正三角形といった特殊なものを除き、ほとんどが対称性をもっていません。つまり、三角形を一つの対称軸に沿ってひっくり返しても、重なり合わず、もとの図形と区別がついてしまいます。ということは、この場合は対称性が保存されていないということになるのです（図２―６）。

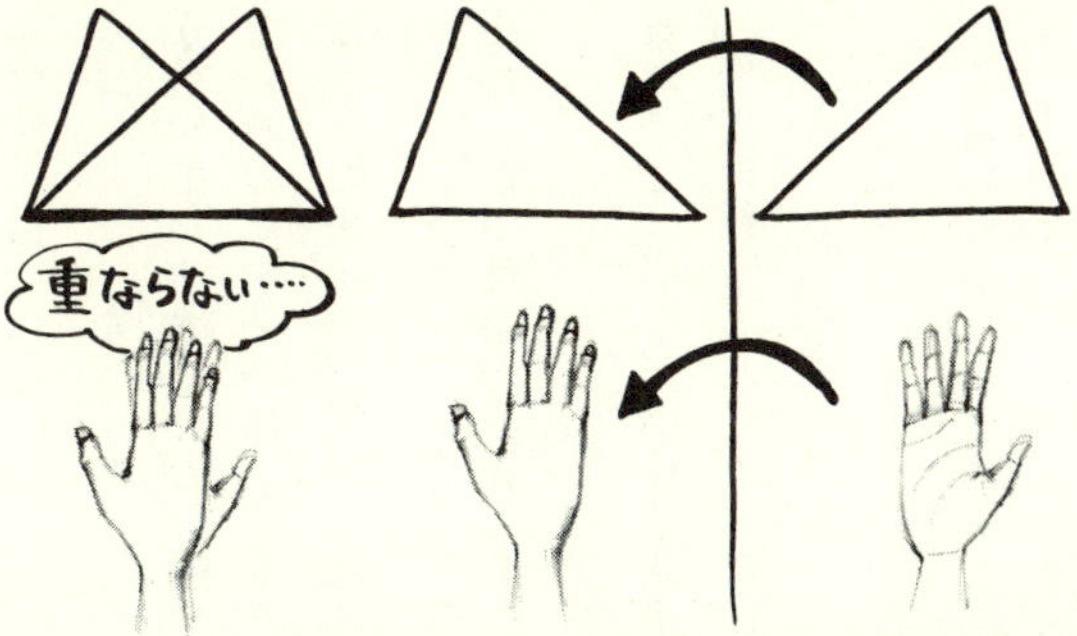

図２―６　標準理論　標準理論ではクォークとレプトンが3世代あることが重要になってくる。3世代あることで、CP対称性の破れが説明できる。これは三角形をひっくり返すと重なり合わなくなることとよく似ている。

おおざっぱにいってしまえば、ＣＰ対称性でもこれと同じようなことが起きます。クォークが二世代四種類だと、直線しか描けずにＣＰ対称性を破ることができませんが、三世代六種類だったら三角形を描くようなことが起き、ＣＰ対称性を破ることができるというわけです。実際、クォークは三世代六種類存在することが実験によって確認されていますし、それによってＣＰ対称性が破られている場合もあることが確認されています。

それだけでなく、このＣＰ対称性が破られていることが、現在の宇宙にとても大きく関係していたのです。この宇宙がはじまった直後に、粒子が生みだされると同時に同じ量の反粒子も誕生しました。粒子と反粒子はペアで生まれて、ペアで消滅するので、完全に対称性が保たれていたならば、すべての粒子は反粒子とともに消滅して、この宇宙には何もなくなってしまったはずです。ところが、いつの間にか反粒子はこの宇宙から姿を消して、粒子だけが残っています。この粒子だけが残っている理由にCP対称性の破れが関係していると考えられているのです。小林―益川理論は、単にクォークの数を予言しただけではなく、この宇宙に物質が残った理由を理解するためにも大切な理論なのです。

小林―益川理論の検証

今は、クォークだけでなく、レプトンにも三世代の粒子があることがわかってきましたが、これだけでは、まだ小林―益川理論がすべて証明されたわけではありませんでした。この理論は、三世代存在すると粒子（物質）と反粒子（反物質）の違いをつくりだすことができるというものでした。ということで、その次に考えられたのは、そのことを証明する実験でした。

この実験はアメリカと日本で実施されました。アメリカの実験は、名門スタンフォード大学でおこなわれました。電子と陽電子を衝突させることで生まれるボトムクォークが壊れていろいろなものになっていく様子を精密に測定することで、粒子と反粒子の違いをつくりだせるかを調べていったのです。この実験に使われた加速器は直線状で約五キロメートルもの長さがありました。それがゾウの長い鼻を連想させたのか、この実験にはゾウのキャラクターの名前と同じ「ババール」という名前がつきました。

それに対して日本では茨城県つくば市にある高エネルギー加速器研究機構（KEK）で、「ベル」と名づけられた実験がスタートしました。ベルというのはフランス語で「美女」を意味しています。この実験でも電子と陽電子をぶつけていくのですが、そのぶつける頻度がとても多いのです。なんと、七ナノ秒に一回の割合でぶつけていくというのです。一ナノ秒は10^{-9}秒というとても短い時間です。そして、ぶつけた結果を観測するための装置はなんと三階建てのビルと同じ大きさになってしまったのです。その中は、ハイテク技術を集めた装置でぎっしりと埋め尽くされ、七ナノ秒に一回起こる電子と陽電子の衝突の様子を注意深く観察したのです。その結果、衝突によって生まれてくるB中間子と反B中間子の差をとらえることに成功し、CP対称性が破れているという小林－益川理論を証明することに成功しました。

第3章　とても不思議なニュートリノの世界

鍵を握るニュートリノ

宇宙が誕生したばかりの頃は、たくさんあるエネルギーから物質と反物質がたくさんつくられました。物質と反物質は必ずペアで生まれてくるのですが、消滅するときもペアで消滅します。ですから、物質と反物質がまったく同じようにふるまうのであれば、この宇宙には銀河も星も私たちも存在できなくなります。

反物質だけが消えて、物質が残るためには、物質と反物質の間の対称性が少しずれている必要があります。そのずれを証明したのが、前章の終わりに出てきたKEKのベル実験でした。この実験では、確かにCP対称性が破れていることが示されました。そして、このCP対称性の破れがこの宇宙に物質だけを残したことと関係していることもわかってきています。でも、これだけでは、どうして私たちが生まれてきたのかにまでは、たどりつきません。ところが、最近になって、この問題を解く鍵をニュートリノが握っているのではないかと考えられるようになってきたのです。

実は、ニュートリノの研究で世界の最先端を走っている国は日本なのです。ニュートリノの存在を初めて確認したのはアメリカ人だったのですが、自然界で発生するニュートリノを初めてリアルタイムで観測したのは日本の実験でした。

一九八七年二月二三日に、私たちの銀河系のすぐ隣に位置する大マゼラン星雲の中で、大きな星の超新星爆発が観測されました（図３―１）。このとき、たくさんの光が放たれましたが、爆発で生じるエネルギーのうち光に変化したのはほんの一パーセントだけでした。実は、超新星爆発のときに出るエネルギーの九九パーセントはニュートリノに変化して星の外に出ていってしまうのです。

ふつうはエネルギーの九九パーセントもニュートリノに変化してしまうと、エネルギーがスースーぬけてしまってうまく爆発が起こらないのではと思ってしまいますが、ここには少しトリックがあるのです。

超新星爆発の前には寿命がつきた星はギューっと潰れてしまい、あまりに密度が高くなるので、ニュートリノですらトラップされてしまいます。それで充分にエネルギーをためこみ、ニュートリノが星を爆発させる手伝いをします。実は星が光でパァっと明るくなるのはさらに数時間後です。この理論はニュートリノ・トラッピング説として、佐藤勝彦博士が提唱したものです。

実際、この日、超新星爆発が観測されたときに光とニュートリノが地球にもやってきました。そして、岐阜県の神岡鉱山の地下にあったカミオカンデが一一個のニュートリノを捕まえることに成功しました。世界中でライバルが同じようにニュートリノを捕まえようと競争していましたが、一番疑いなく確実に捕まえることができたのがカミオカンデだったのです。カミオカンデの

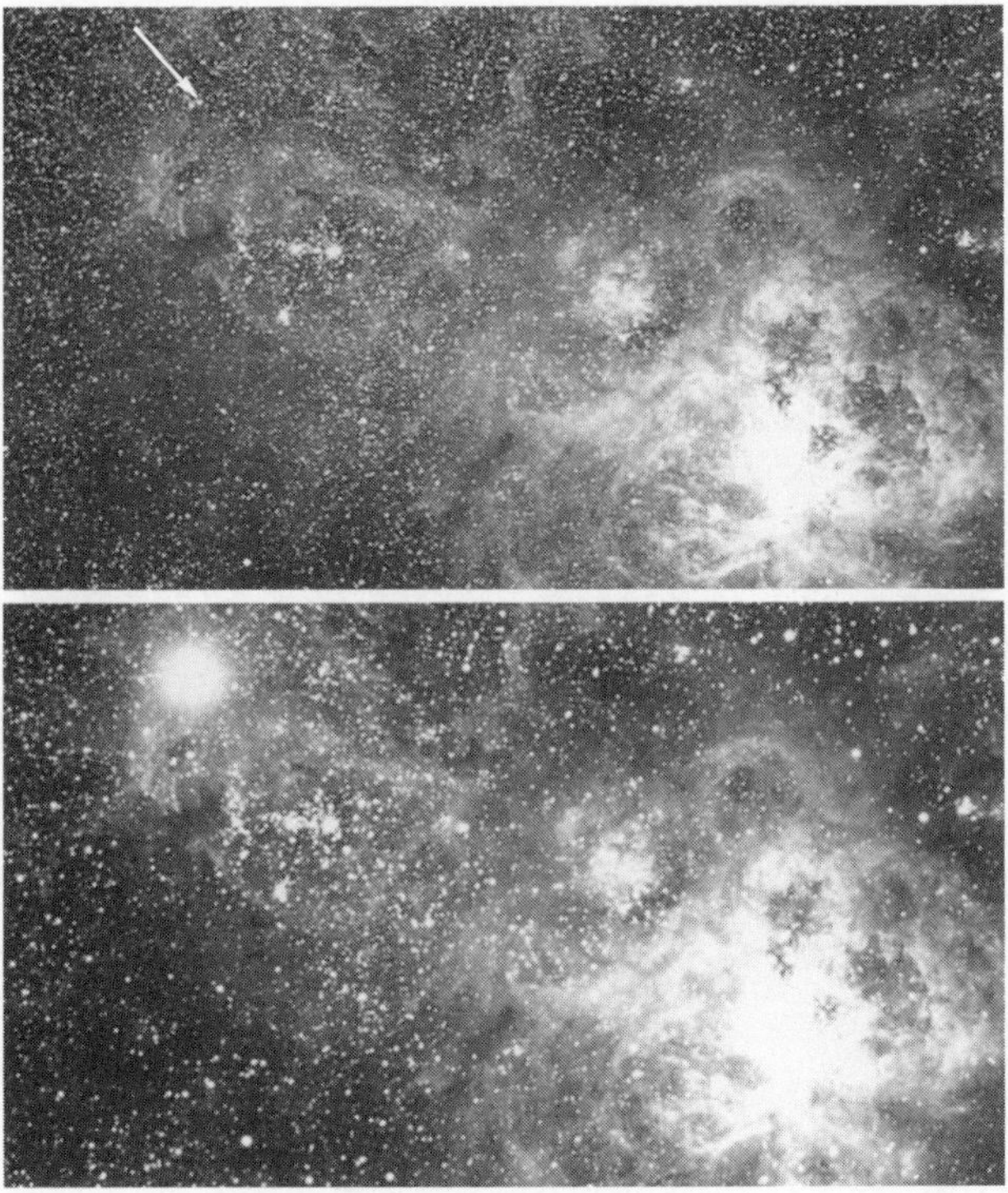

図3—1　超新星爆発　1987年に大マゼラン星雲で観測された超新星爆発。カミオカンデはこのときに発生したニュートリノをとらえることに成功した。

観測データを見ると、佐藤博士の理論通り、ニュートリノが捕まえられてから数時間後に超新星爆発が観測されてから十数秒後にやってきたことがわかりました。この観測を成功させたのが小柴昌俊博士でした。小柴博士は、この功績で二〇〇二年にノーベル物理学賞を贈られたのです。

超新星爆発で発生したニュートリノを観測できたことは、宇宙の観測に新しい手法をもたらしました。これまでは、宇宙を見ようとしたら可視光線を使う光学望遠鏡か、電波を使う電波望遠鏡などを利用するしかありませんでしたが、ニュートリノを使って宇宙を観測することもできることがわかってきたのです。小柴博士たちは、これをニュートリノ天文学と表現し、素粒子による天文学を切り開きました。

ニュートリノの重さ

素粒子の標準理論は、長い歴史の中で積み上げられてきたもので、二〇年以上、どんな実験をしても、この理論が予測する通りの結果が出ていました。つまり、標準理論は、素粒子物理学のバイブル的な存在だったのです。ただ、標準理論は、素粒子のもつ秩序を完全に説明することはできなくて、なぜクォークやレプトンが三世代あるのか、それぞれの粒子の重さはなぜ観測されたような値になるのかといったことは、わからないままでした。それでも、実験結果はすべて標準理論通りになっているので、素粒子物理学の理論は、この理論をもとにしてつくられていました。

ところが、一九九八年に、その標準理論を根底から揺るがす、とても大きな事件が起こりました。標準理論の中で質量がゼロだといわれていたニュートリノに重さがあることが明らかになったのです。なぜ、ニュートリノに重さがあることが大事件になったのかといえば、標準理論はニュートリノの重さが完全にゼロだという前提でつくられているからです。

前提になっていることが崩れてしまえば、その理論をつくり直す必要が出てきます。ニュートリノの重さの問題は、標準理論を左右する大きなポイントだったので、一九六〇年代からずっと議論の対象になっていました。その証拠は長年つかむことができなかったのですが、一九九八年に日本のグループが、ニュートリノに重さがあるという証拠をつかんだのです。

この発表は、岐阜県高山市で開かれたニュートリノ・宇宙物理国際会議で発表されました。そのとき、ちょっと珍しい光景が繰り広げられました。日本のグループがニュートリノに重さがあったと報告すると、その場にいた全員が立ち上がって一斉に拍手をしたのです。何十年間も正しいと考えられていた標準理論が、ついに倒れたという歴史的な瞬間だったのです。

このニュースは驚きとともに世界中に伝えられ、大きな衝撃を与えました。アメリカでは、「ニューヨークタイムズ」の一面トップを飾ったほどでした。さらに、その記事を読んだ当時のアメリカ大統領だったクリントン氏が、マサチューセッツ工科大学の卒業式でのスピーチに引用したのです。

アメリカ大統領もスピーチに使うくらい衝撃的なニュートリノの重さの問題ですが、いったいどうやって測定したのでしょうか。ニュートリノは捕まえることがほとんどできない粒子です。体重計のようなものに載せるわけにはいきません。捕まえることも難しいのに、本当に重さがわかるのでしょうか。

このときに活躍したのが、岐阜県神岡鉱山につくられたスーパーカミオカンデでした（図3―2）。小柴博士が超新星からのニュートリノを観測したときに利用したカミオカンデの二代目にあたる装置です。この装置はとても大きいもので、高さ四〇メートルと、一〇階建てのビルくらいの高さがあります。この装置が地下一キロメートルの場所に置かれていて、中には五万トンの水が貯まっているのです。スーパーカミオカンデでは、この水の中で起こる反応を観察するために、タンクの壁面に光電子増倍管という直径五〇センチメートルほどの大きな電球のようなものがびっしりと取りつけてあります。構造としてはカミオカンデと同じで、この中をニュートリノが通ると、たまに水分子と反応して光を出し、光電子増倍管でとらえることができます。

これまでの話でも出てきたように、超新星爆発によって大量のニュートリノが発生します。それ以外にも、太陽の中心部分や大気など、ニュートリノはいろいろな場所で生まれています。このとき、重さを調べたのは、大気からできるニュートリノでした。地球には宇宙線という高エネ

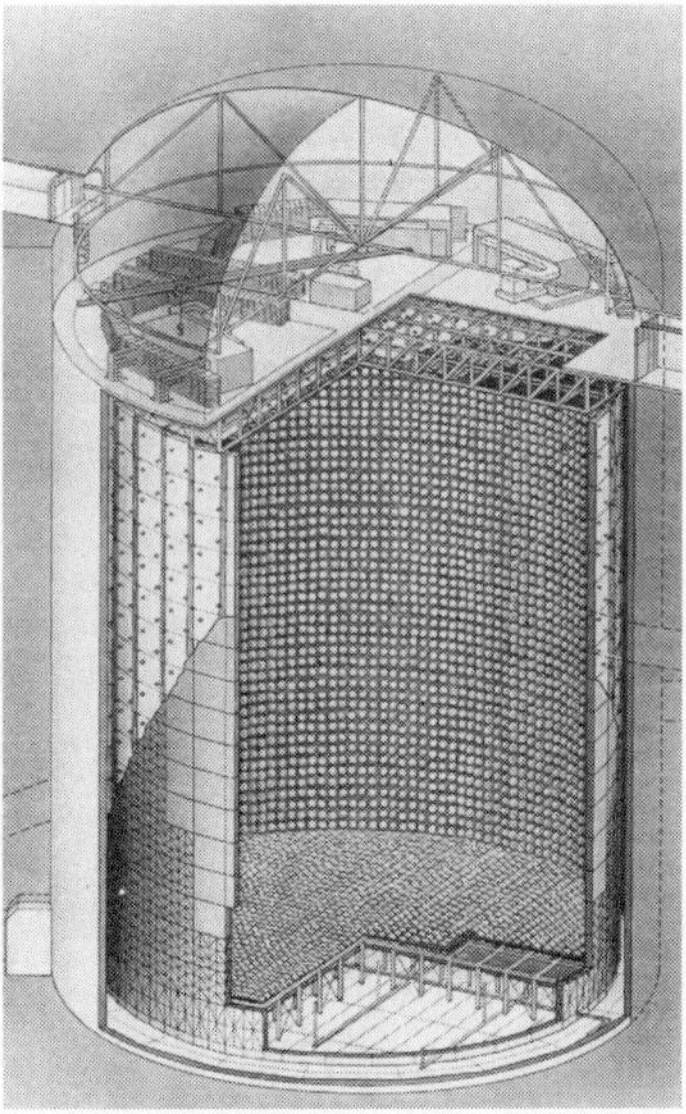

図3—2　スーパーカミオカンデ　5万トンの水を使って、ニュートリノの観測をおこなっている。内部の壁には1万1200本の光電子増倍管が取りつけられている(左ページ写真も)。(東京大学宇宙線研究所　神岡宇宙素粒子研究施設)

ルギーの粒子がたくさん降り注いでいます。地球の大気には窒素や酸素などの気体分子がありますから、その分子に宇宙線が当たると、ニュートリノもいくつかできるのです。このようにしてできたニュートリノを大気ニュートリノとよびます。この大気ニュートリノは、上空から地上に降ってきて、地面を通りぬけていきます。そして、そのままスーパーカミオカンデまでやってくるのです。

大気ニュートリノは大気中で発生しますので、日本上空でも、南半球でも、どこでも生まれます。日本上空で発生したニュートリノがそのままスーパーカミオカンデまでやってくるのはすぐにイメージすることができると思います。実は、スーパーカミオカンデにやってくるニュートリノはそれだけではありません。日本の裏側の南半球で生まれたニュートリノもやってくるので

す。

どういうことかというと、南半球で生まれたニュートリノは地面にぶつかっても影響を受けませんので、そのまま通りぬけます。ニュートリノは弱い力にしか反応しないので、ニュートリノにとってみれば地球の中はスカスカな状態です。地球の反対側からでも問題なくスーパーカミオカンデまでやってくることができます。

そのようにしてニュートリノで起こる現象を調べていくと、上下対称のはずだということがわかってきました。地球はほとんどきれいな丸い形をしています。そして、宇宙線が入ってくると上空二〇キロメートルぐらいのところで大気と反応して、ニュートリノができます（図3—3）。宇宙線は、地球に届くまでの間にいろいろな星の影響で方向がバラバラになってしまいます。ですから、地球にやってきたときに北半球からくるものと、南半球からくるものは同じぐらいあるといわれています。そうすると、北半球からくるものと、南半球からくるものが同じだけあるはずなので、ニュートリノの数は上下対称になるわけです。

実際、このスーパーカミオカンデで実験をしてみると、電子ニュートリノは確かに上下対称になります。理論的な予言と、実際の測定データが一致するのです。ところが、第二世代のミューニュートリノを調べてみると、理論的な予言と実際の観測データに大きなずれがありました。理論的な予言では、電子ニュートリノと同じように上下対称になっているはずなのに、観測データ

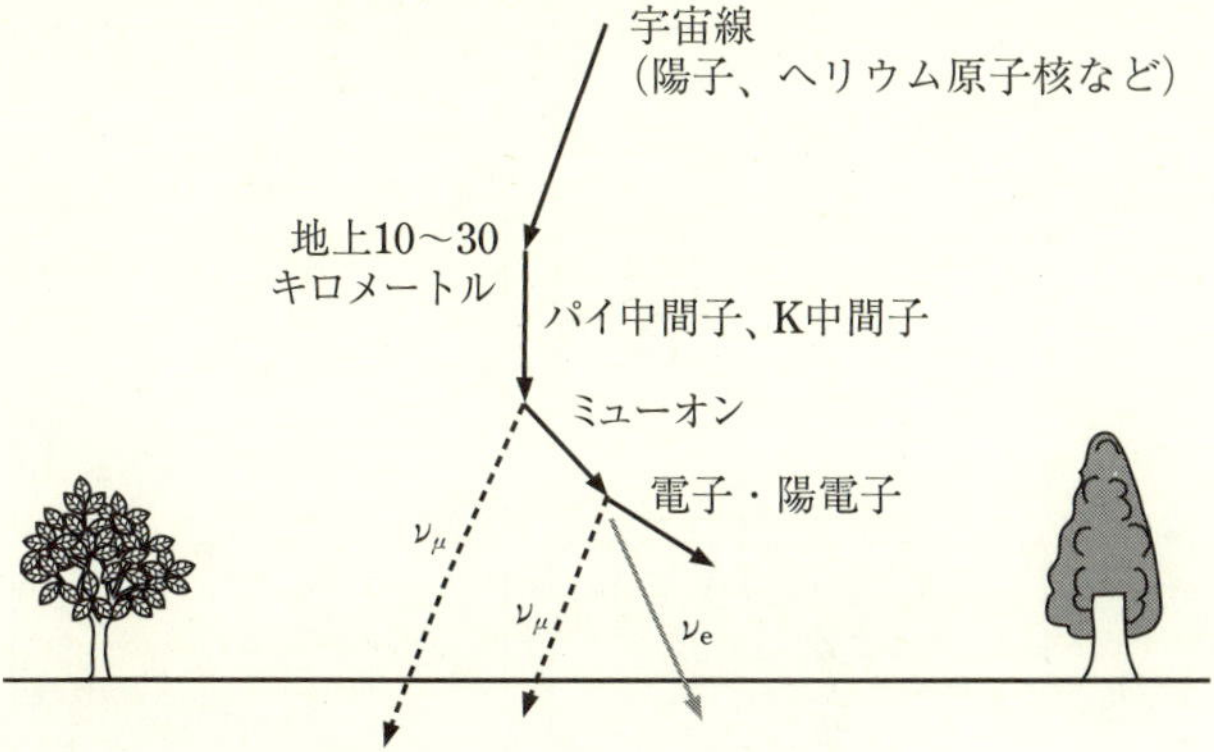

図３—３　宇宙線がニュートリノをつくるまで

では南半球からくるもの、つまり、スーパーカミオカンデの下側からくるものが予想の半分しかなかったのです(図３—４)。

なぜ、このようなことが起きたのか調べてみると、地球の反対側で生まれたミューニュートリノは、地球を通りぬけている間に、タウニュートリノに変身して、再びミューニュートリノに戻るということを繰り返しているに違いないことがはっきりしてきました。このようにミューニュートリノとタウニュートリノの変身を繰り返す現象はニュートリノ振動とよばれます。まるで波打つように、ミューニュートリノがだんだんとタウニュートリノに変化して、またミューニュートリノに戻ってくるからです。

前章で、レプトンの粒子の種類のことをフレーバーと表現するといいましたが、ストロベリー味だったアイスが、時間の経過とともにチョコレート味に変わり、また

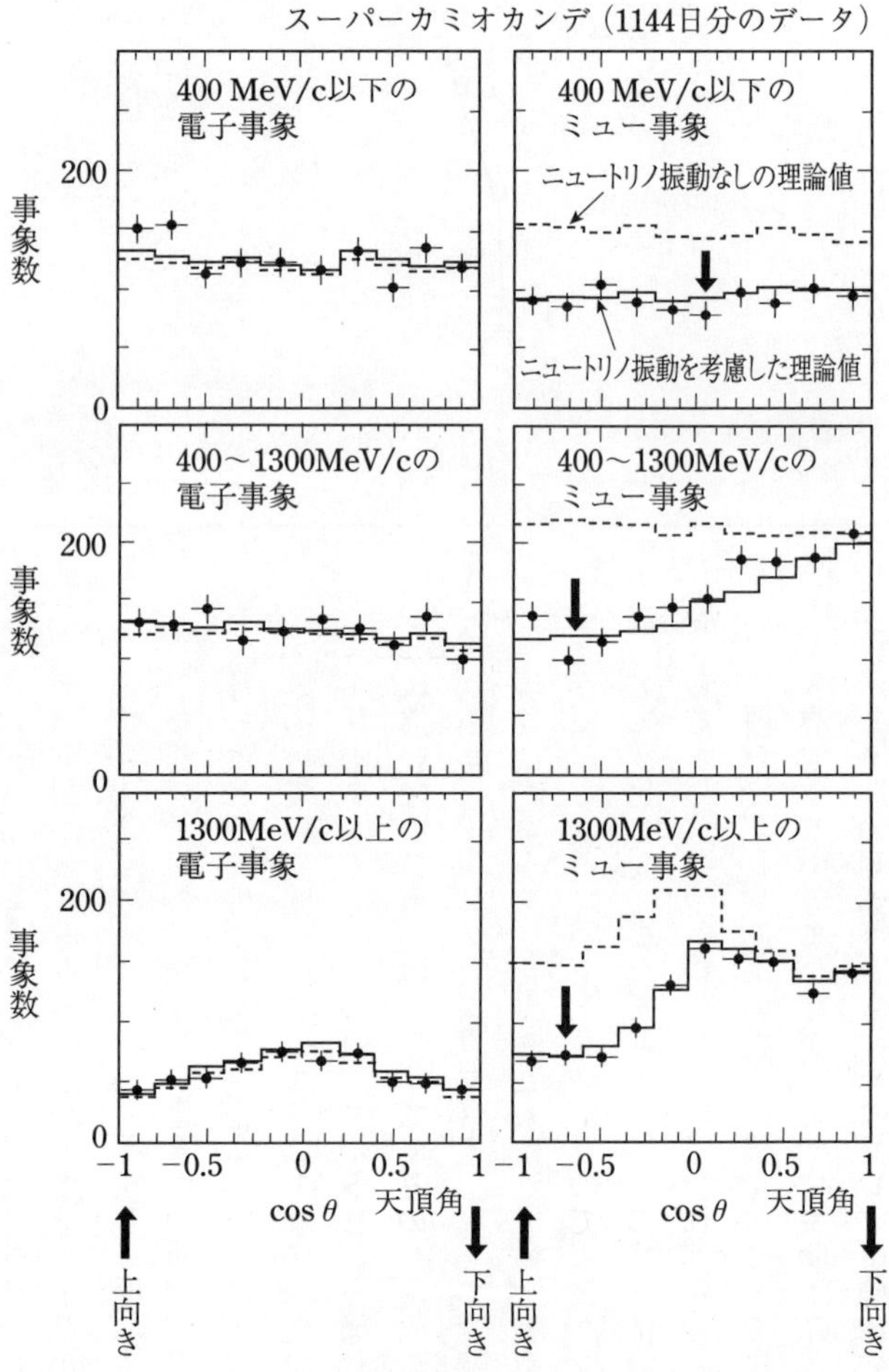

図3—4　ニュートリノ事象の天頂角分布　真上からくるニュートリノと真下からくるニュートリノの事象が異なることからニュートリノが振動していることが確かめられた。（東京大学宇宙線研究所　神岡宇宙素粒子研究施設）

ストロベリー味に戻るようなものです。スーパーカミオカンデではチョコレート味がやってくると思って待ち構えているわけですから、ストロベリー味のアイスがやってきても無視してカウントしなかったので、予想の半分しかとらえることができなかったのです（図3—5）。

図3—5　ニュートリノ振動　ミューニュートリノは移動中にタウニュートリノに変化していた。

ニュートリノ振動が起こるということは、時間の経過によって粒子が変化することを意味します。この変化するということが、ニュートリノが光速で動いていないことの証拠にもなっているのです。

ニュートリノは時間を感じる

この話は大事なポイントなので、少し詳しくお話ししましょう。アインシュタインの特殊相対性理論によると、物質の動く速度が速くなればなるほど、その物質の感じる時間は遅くなります。このことは、双子のパラドックスという有名な話で説明されています。たとえば一組の双子がいたとします。双子の兄が光速に近いロケットで出かけて、弟が地球に残ったとします。ロケットが再び地球に戻ってきて双子が再会すると、地球に残っていた弟が旅行していた兄よりもずっと年を取っていたということなのです。これはとても不思議な話なのですが、相対性理論の世界では当たり前に起こることです。

物質は速く動くと時間が遅れるので、とことん速く動くと、つまり、光速で動くと、時間は完全に止まってしまいます。光はいつも光速で飛ぶので、光は絶対に時間を感じません。完全に時計が止まっているのです。もし、ニュートリノに重さがなければ光速で飛ぶことができるので、ニュートリノは時間を感じないはずなのです。

ところが、スーパーカミオカンデの実験では上からくるニュートリノは他のものに変わる時間がなかったのですが、下からくるニュートリノは他のものに変わってしまう時間があったので、タウニュートリノに変わってしまいました。ということは、ニュートリノは時間を感じていることになるのです（図3—6）。時間を感じるということは、ニュートリノは光の速さより遅く動いているということになります。光の速さより遅い粒子は、重さがあるということになるので、ニュートリノに重さがあることがはっきりと示されたのです。

スーパーカミオカンデの実験結果から、ニュートリノに重さがあると発表されると、今度は、その実験が本当に正しかったのかを調べる実験がスタートしました。スーパーカミオカンデでは空から降ってくるミューニュートリノを観測したわけですが、意地悪な見方をすれば、そもそも空から降ってくるものは、本当にミューニュートリノなのかという疑いが生まれます。

ふつうの人だったら、空から降ってくるミューニュートリノが本当にミューニュートリノだったのかとは疑わないと思いますが、物理学者はその辺から疑ってかかります。そこで、実際にニュートリノをつくって実験をする計画が、日本とアメリカで進みました。日本では、つくば市の高エネルギー加速器研究機構から二五〇キロメートル先のスーパーカミオカンデに、人工的につくったニュートリノを撃ち込みます。アメリカの実験は、イリノイ州のミシガン湖のそばにある研究所の加速器でニュートリノをつくって、約七五〇キロメートル離れたミネソタ州のスーダンにある観測装置でニュートリノを捕まえるというものです。

図3—6　ニュートリノの時間　ニュートリノが時間を感じるということは、光より遅いことを意味する。

ふだん、私たちはあまり意識をしていませんが、地球は球状になっているので、地面は平らではなく、少し曲がっています。標的が七五〇キロメートルも離れていると、地表に沿ってまっすぐ飛ばしているつもりでも、数メートルは上に行ってしまいます。ですので、イリノイ州からニュートリノを撃ち出すときは、少し下向きに発射させます。そうすれば、一度地下一〇キロメートルまでもぐったニュートリノがちょうど七五〇キロメートル先で地面の上に出てきて、ちゃんと目標の実験装置を通過するようになります。

このようにして調べてみると、確かにミューニュートリノの量ははじめの半分ぐらいになってしまいます。これである意味、一件落着です。確かに人工的につくったニュートリノでも変化していたので、ニュートリノは時間を感じ、重さをもっていることは証明できました。

ニュートリノで太陽を見る

大気のニュートリノの問題から、ニュートリノが重さをもっていることがわかってきましたが、今度は太陽でつくられるニュートリノの問題がクローズアップされてきました。太陽は表面温度が約六〇〇〇度C、中心部分は約一五〇〇万度Cもあると考えられていて、地球にたくさんの熱や光などを送っています。そもそも、なぜ、太陽はたくさんの熱や光を出すのかといえば、太陽の中で水素原子四つをくっつけてヘリウム原子をつくる核融合反応が起こっているからなのです。

水素原子の原子核はプラスの電気をもっているのですが、それがヘリウム原子になると二つの

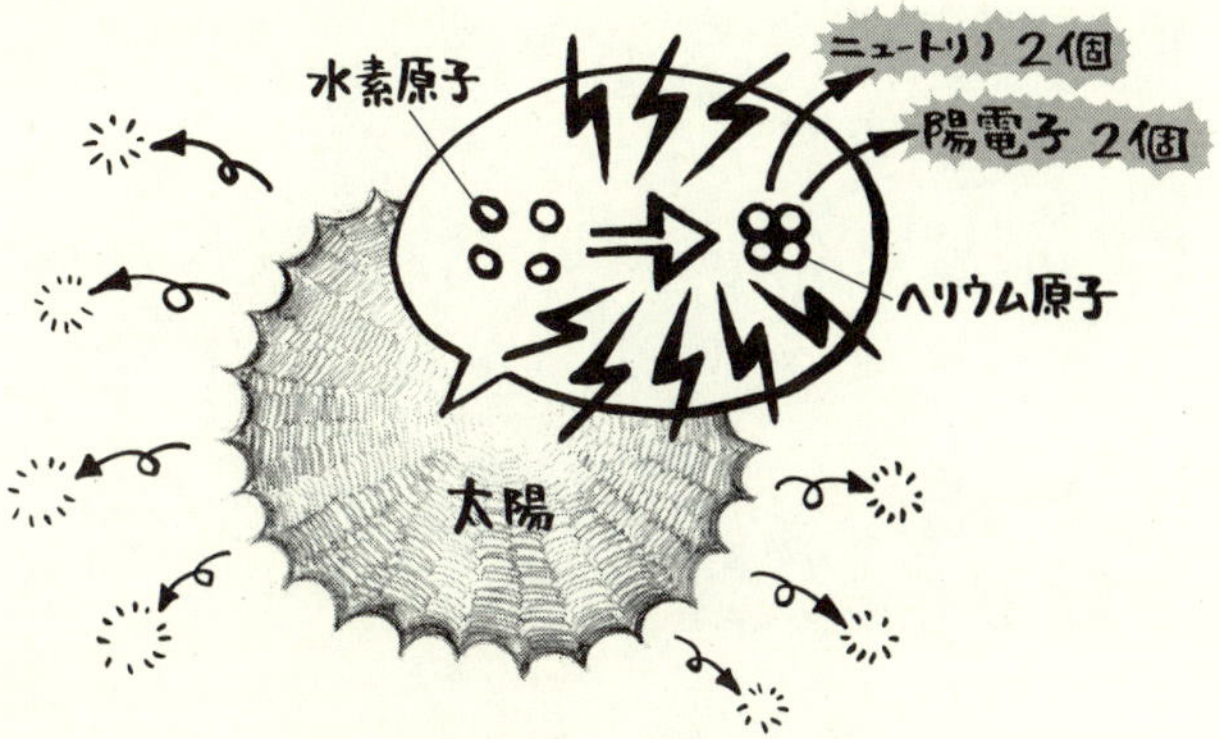

図３―７　太陽の核融合反応　太陽の内部では４つの水素原子から１つのヘリウム原子がつくられる核融合反応が起こっている。このとき熱や光を放出して、反応後の質量が軽くなる。

陽子が中性子に変化するので、電気的な性質が変わってしまいます。変わった電気の部分はどうなるのかといえば、電子の反物質である陽電子とニュートリノへと変化します（図３―７）。ただ、このときにできるニュートリノは、電子ニュートリノだけであると考えられていました。

ここで太陽の核融合反応が起こる前と後の重さを比べてみると、実は後の方が軽くなっています。そして、軽くなった分をエネルギーとして放出できるのです。アインシュタインの$E=mc^2$という式を思い出してみてください。この式から、重さmは、エネルギーEに変換することができるので、重さが減った分だけ、エネルギーという形で外に出すことができるのです。太陽は一秒間に四〇億キログラムずつ軽くなり、私たちに光や熱を届けてくれるのです。同時に、太陽からはニュートリノも放出されて、私た

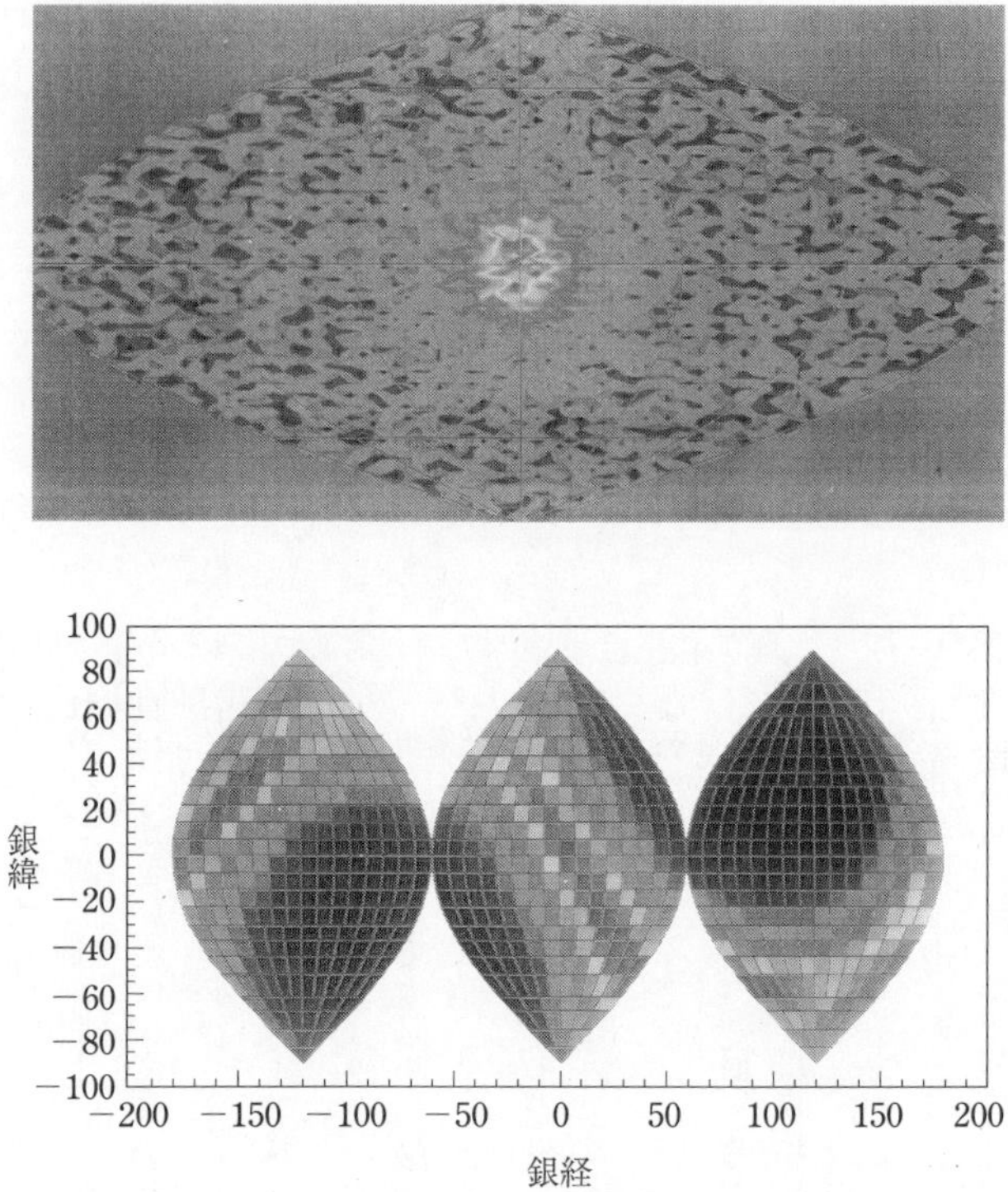

図3−8　スーパーカミオカンデで撮影した太陽　太陽からやってくるニュートリノをとらえて画像にしているので、太陽の内部の様子がわかる。下図は銀河座標での太陽の軌道を示している。

ちの体を一秒間に数百兆個も通りぬけているのです。

スーパーカミオカンデはニュートリノを捕まえることができるので、太陽からやってくるニュートリノもとらえることができます。スーパーカミオカンデは地下一キロメートルの場所にあるので、太陽の光は入ってきません。光では太陽を見ることはできませんが、ニュートリノを使えば太陽を見ることができます。それだけでなく、ニュートリノで見た太陽の写真も撮影できるのです。ニュートリノで撮影した写真は、ふつうのカメラで撮った太陽表面の写真とは違って太陽の中心が見えています。ニュートリノは太陽の中心部でできるので、ニュートリノを使うと、太陽の中心部分で起きていることがしっかりと映し出されます。つまり、太陽のレントゲン写真のようなものを撮ることができるのです。これによって、太陽の中心部分の様子がよくわかります（図3—8）。

太陽ニュートリノ問題

実は、太陽からやってくるニュートリノを使った実験は一九六〇年代からおこなわれていました。これまでにたくさんの実験がおこなわれてきましたが、どの実験でもとても困ったことが起きていました。

太陽からやってくるニュートリノを測定すると、捕まえられるニュートリノの数が理論的に予想される数よりも少なかったのです。実験で測定できるのは、予想値の半分から三分の一ぐらいしかありませんでした。なぜ、測定結果と理論上の予想値が大幅に食い違うのかが誰にもわからなくて、太陽ニュートリノ問題とよばれ、長い間、解くことのできない謎として残っていました。

この太陽ニュートリノ問題の謎を解き明かそうと、たくさんの物理学者たちが挑戦してきました。その中で、実際に測定するニュートリノの数が少ない理由として考えられた説の一つが、私たちの見ている太陽は、そろそろ燃え尽きかかっているという説です。

地球は太陽から一億五〇〇〇万キロメートル離れているので、光やニュートリノが届くまで八・三分かかります。ニュートリノは核融合がおこなわれている太陽の中心部分からすぐに出てくるので、八・三分後には地球に届くのですが、太陽の中心部分はあまりにも密度が高いため光が表面に出てくるまで数千年かかると考えられています。

つまり、私たちが見ている光は正確にいうと数千年と八・三分前につくられた光で、ニュートリノは八・三分前につくられているので、その差が現れているのではないかというのです。光とニュートリノの間に数千年の時間のずれがあるので、光で見ると太陽はまだ元気なように見えても、それは数千年前のもので、現在の太陽はニュートリノの数で見ると勢いがなく、実は燃え尽きる寸前なのではないかというものでした。

このような説が出ると、真偽を確かめる前にたくさんの人が混乱してしまいます。その真相を明らかにするために活躍したのがカナダでおこなわれたSNO実験でした。カナダにつくられた実験装置SNOは地下二キロメートルに設置されていて、その中に数千トンの水が入っています。

この装置で測定した結果、太陽で発生したニュートリノは、地球に届くまでの間に他の種類のニュートリノに変化していたことがわかったのです。太陽では、もともと電子ニュートリノだけがつくられていたので、その数だけを数えていたら予想よりも少なくなってしまうのですが、三世代のニュートリノをすべて測定して足しあわせると予想通りの数になるのです。ということは、太陽でつくられた電子ニュートリノの一部がミューニュートリノやタウニュートリノに変化していただけで、数が少なくなっていたわけではなかったのです。

カムランドの実験

太陽ニュートリノ問題はこれで解決したかに思えたのですが、やはり、太陽の中は特殊な環境で、人工的につくったニュートリノでそのようなことが本当に起きるのかという疑問が口にされるようになりました。そこでがんばったのが、日本の東北大学中心の研究グループです。小柴博士が初めて超新星ニュートリノを捕まえたカミオカンデの跡地を改造して、新しい実験装置であるカムランドをつくり、ここで新しい実験を始めま

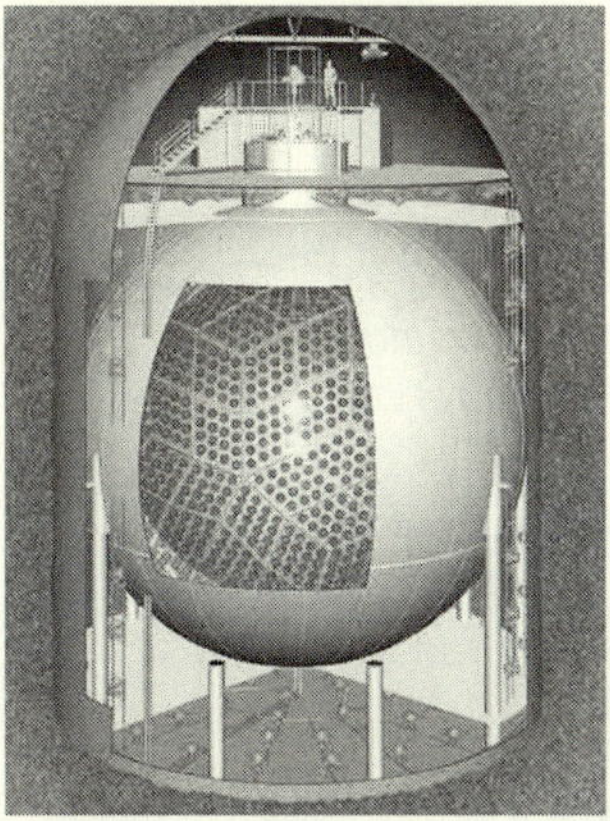

図3—9　カムランド　カミオカンデの跡地に設置された新しいニュートリノ観測装置のカムランド。（東北大学ニュートリノ科学研究センター）

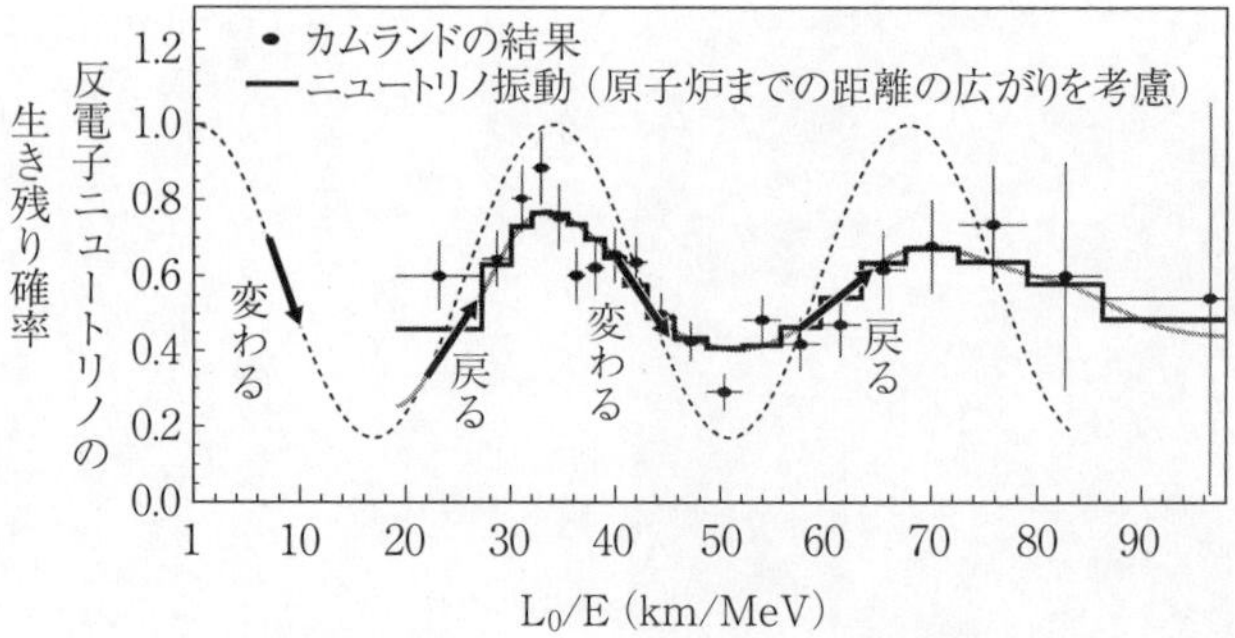

図3—10　ニュートリノ振動の実験　カムランドの実験によって、原子力発電所で人工的につくられたニュートリノもニュートリノ振動を起こしていることがわかった。（東北大学ニュートリノ科学研究センター）

した（図3—9）。

カミオカンデでは水の入ったタンクをつくりましたが、カムランドは水ではなく、一〇〇〇トンの油を満たした装置を置いて、それでニュートリノをとらえることにしたのです。油を使うことで、それまでは見ることが難しかったエネルギーの小さなニュートリノもちゃんと見えるようになり、より精密な実験ができるようになりました。

カムランドで観測したのは、日本の原子力発電所からやってくるニュートリノです。日本には五〇基以上の原子力発電所があります。これらの発電所はカムランドのある神岡鉱山の近くにはなく、実験するうえで十分な距離があります。原子力発電所が稼働していると、原子炉の中からニュートリノが出てきますので、そのニュートリノをカムランドで捕まえれば、ニュートリノが変化していることがわかるはずだということで、実験をスタートしました。この実験は、とても根気がいるものでしたが、二〇〇二年から二〇〇八年までデータを取り続けた結果、原子力発電所から生まれた人工的なニュートリノも、ちゃんとニュートリノ振動をしていることがわかったのです（図3―10）。

スーパーカミオカンデでは、ニュートリノを使って太陽を観測しましたが、ニュートリノを使うことで、私たちにとって、とても身近なもう一つのものの内部を見ることができます。それは何かといえば、地球です。ニュートリノは地球の内部を通過しますので、X線CTを撮るように、地球の断層写真を撮影することができます。実は、地球には大きな謎が一つあったのですが、カムランドで撮影したニュートリノによる断層写真が、その謎を解き明かしました。

図3―11　地球の透過写真？
カムランドではニュートリノを使った地球の断層撮影もおこなわれ、その結果は「ネイチャー」の表紙を飾った。

地球は太陽からたくさんの熱をもらっているので、私たちはその恩恵を受けて生活しているわけです。同時に、地球からも宇宙空間に熱を放出しているわけですが、その量が約四〇兆ワットと、太陽からきた熱を放出しただけでは説明できないほど多かったのです。太陽からの熱の放出分は全体の半分ぐらいで、残りの半分はどこからくるのかがわからないままでした。

ところが、ニュートリノによる断層写真を分析してみると、地球内部からもニュートリノが生まれていることがわかったのです。地球の中にあるウランやヘリウムといった原子が崩壊して、ニュートリノをつくっていました。このとき、同時に熱も発生しますので、宇宙に放出される熱量の残りの半分は、地球が自ら生みだしていたという結論にいたり、謎がまた一つ解決したのです（図3―11）。

コラム――カミオカンデとニュートリノ

小柴博士がニュートリノを捕まえることに成功したカミオカンデは、実はもともとニュートリノを観測するための装置ではなかったのです。カミオカンデという名前は、アルファベットで書くとKamiokaNDEとなります。Kamiokaは設置された場所の神岡鉱山から取られているとすぐわかると思いますが、最後のNDEは何でしょうか。これはNuclear Decay Experiment（核子崩壊実験）の頭文字が並べられているのです。核子崩壊実験というのは、原子核の中にある陽子が壊れるのを観察する実験のことで、カミオカンデはもともと、この実験をするための装置だったのです。

陽子は、とても安定なものでなかなか壊れません。昔は、私たちの体を形づくっている原子も未来永劫、ずっと存在すると思われていましたが、電磁気力、弱い力、強い力を統一するための大統一理論が盛んに研究されるようになると、安定だと思われていた陽子も、壊れることがあると予言されるようになりました。

ただし、壊れるといっても、陽子の寿命はとても長く、10^{34}年もあります。宇宙の年齢が一三七億年で、約10^{10}年と表現することができます。比べてみるとわかりますが、陽子の寿命は宇宙の年齢の10^{24}倍もあります。つまり、宇宙の年齢の一億倍の一億倍の一億倍という途方もない長さなのです。そのように長い寿命をもつ陽子が壊れる瞬間を観察しようという壮大なスケールの実験なのです。

もちろん、そのためにじっと待っているわけにはいきません。そこで考えられたのが、たくさんの陽子を用意するということだったのです。陽子の寿命は10^{34}年よりも長いので、一個の陽子だけを観察すると、崩壊するのに10^{34}年以上観察しなければいけませんが、10^{34}個の陽子を用意すれば一年に一回壊れる可能性があるわけです。だから、大きなタンクをつくって、その中に水を貯めたわけです。

水は酸素原子一個と水素原子二個でできていますから、一分子につき陽子が一〇個あります。カミオカンデのタンクは三〇〇〇トンの水を貯められるので、10^{32}個の陽子を集めたことになります。カミオカンデがつくられた頃は、陽子の寿命は10^{30}年だと考えられていたので、これだけの陽子を集めれば、一年間に一〇〇回は陽子が壊れる瞬間が観察できるはずでした。

カミオカンデは大きなタンクの内面に光電子増倍管というセンサーがたくさんついている装置です。これでどうやって陽子が壊れる瞬間を見ることができるのでしょうか。実は、陽子が壊れるときには、チェレンコフ光という特別な光が出てきます。陽子崩壊実験では、そのチェレンコフ光を光電子増倍管がキャッチすることで、陽子が壊れたかどうかを知ることができるのです。

ところが、その光を探すときにやっかいな邪魔者がいました。それがニュートリノだったのです。ニュートリノは電荷をもたないので、タンクの中に入ってきてもわかりません。でも、タンクの中でたまに水とぶつかると、陽子崩壊と同じようにチェレンコフ光を出すのです。これでは、せっかくカミオカンデでチェレンコフ光を観測しても、ニュートリノが反応したものなのか、陽子が壊れたものなのか、区別がつきません。そこで、この邪魔者のニュートリノの影響を取り除くために、カミオカンデでニュートリノの研究がはじまったのです。

第4章　ものすごく軽いニュートリノの謎

ニュートリノはいつも左巻き

スーパーカミオカンデ、カナダのＳＮＯ、カムランドなどといった世界各地でおこなわれている実験の結果を積み重ねていくことで、ニュートリノが重さをもっていることは確実になりました。これは本当に、世界を揺るがす大発見でした。

ところが、ニュートリノの重さがわかってくると、今度は、新しい謎が生まれるようになりました。ニュートリノはものすごく軽い粒子だったのです。これまでとても軽いといわれていた電子の重さの一〇〇万分の一以下しかなく、他の素粒子と比較すると、ニュートリノの軽さがきわだって目立ちます（図４―１）。

重さを考えると、ニュートリノだけ明らかに変わっているので、他の素粒子といっしょの仲間にしていいのかという疑問が浮かんでくるのです。ただ、ニュートリノが重さをもっているということは、標準理論の枠組みで説明できないことが起きていてもおかしくないことを示しています。もしかしたら、ニュートリノがきわだって軽いということは、標準理論を超えた何かを表しているのかもしれないのです。

それでは、ニュートリノだけとても軽いという問題はどのように考えればいいのでしょうか。ここで一つ思い出してほしいことがあります。それは反物質のことです。素粒子の世界では物質

クォーク｛u：アップ　c：チャーム　t：トップ
　　　　　d：ダウン　s：ストレンジ　b：ボトム

レプトン｛ν_e、ν_μ、ν_τ：ニュートリノ
　　　　　e：電子　μ：ミューオン　τ：タウ

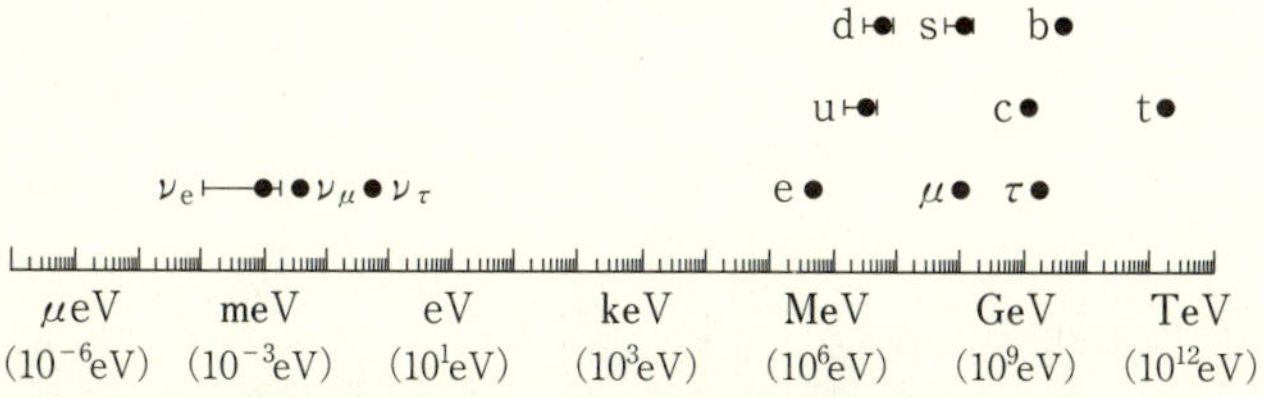

図4—1　軽い　ニュートリノは他の素粒子とくらべて驚くほど軽い。

があれば必ず反物質もあります。ですからニュートリノにも反物質の反ニュートリノがあるわけです。反物質の性質は、物質とすべて反対になるので、電気がプラスの粒子の場合は、反物質の電気はマイナスになります。

ニュートリノは電気がありませんので、反物質でも電気はゼロのままです。それでは、ニュートリノの反物質である反ニュートリノはどのような性質が反対になっているのでしょうか。実は、この謎を解決する実験が既におこなわれています。この実験では、ニュートリノはすべて左巻きだったことを示したのです。いきなり、ニュートリノは左巻きだといわれても、ほとんどの人は何のことだかよくわからないと思います。私は「ニュートリノは左巻き」というフレーズを聞くと、麻丘めぐみさんの「わたしの彼は左きき」という歌を思い出してしまいますが、これはちょっと関係ないですか……。時間の流れを感じますね。ニュートリノの話を進めていきましょう。

ほとんどの素粒子はよく見てみると、コマのようにクルクル回転しています。ですから、ニュートリノもよく見てみると、クルクルと回りながら進んでいるわけです。この回転が進行方向に向かって反時計回りだったら左巻き、時計回りだったら右巻きとなります。

ほとんどの場合、素粒子を調べてみると右巻き、左巻きのどちらも観測することができます。ところが、ニュートリノの回転を調べてみると、いつでも左巻きで、右巻きのニュートリノを観測することはできなかったのです。

左巻きの反ニュートリノは超重量級

これまでは、この左巻きしか観測できないという実験結果は、ニュートリノに重さがないことの証拠として考えられていました。たとえば、ニュートリノが飛んでいるのを追いかける方向から見たときに、ニュートリノが左巻きだったとしたら、ニュートリノを追い越して振り返ると右巻きに見えるはずです。左巻きと右巻きの両方がある場合は、ニュートリノを追い越して反対側から見る瞬間があるということになります。

でも、どんなにたくさん観測しても左巻きのニュートリノしか観測できないということは、ニュートリノを追い越して見ることができないことと同じ意味だと考えることができます。ニュートリノを追い越せないということは、ニュートリノは宇宙で一番速い速度、つまり光速で動いているという結論が導かれるのです。ただし、光速で動くには重さがあるといけないので、ニュートリノには重さがないということになり、ニュートリノには重さがないと考えられてきました。

重さがあるものはどんなにがんばっても光速になることはありません。ものすごく大きな加速器を使ったとしても、光速の九九・九九九パーセントまで速くすることはできるかもしれませんが、一〇〇パーセントには決して届かないのです。これはアインシュタインの相対性理論からはっきりといえます。そして、実際に調べてみると、ニュートリノはすべて左巻きで、反ニュートリノはすべて右巻きでした。

ところが、ニュートリノには重さがあったのです。どんなに小さくても重さがあれば、光速で飛ぶことができません。ということは、右巻きのニュートリノがあってもいいことになります。それはそうなのですが、電気をもっていない素粒子で、右巻きの物質というのは、まだ誰も見た人がいないのです。これはいったいどうしてなのでしょうか。

ここまで話をした中で、電気をもたない右巻きの粒子はニュートリノの反物質である反ニュートリノだけしか登場していません。つまり、今までの話を総合すると、ニュートリノを追い越して振り返ったときに見ることのできる右巻きのニュートリノは、もしかしたら反ニュートリノかもしれないという仮説が立てられるのです（図４—２）。

でも、これはよく考えるとヘンな話です。ニュートリノは物質です。それを追い越して振り返って見ると、反物質に見えるなんてことはふつうでは考えられません。物質と反物質が入れ替わってしまうことになるからです。こんなことは他の粒子では絶対に起こりません。

たとえば、電子の場合、左巻きの電子の反粒子は右巻きの陽電子になります。電気的にマイナスとプラスの違いがありますので、この二つの粒子が同じものということにはなりません。しかも、電子には重さがあるので、追い越して振り返れば当然、右巻きの電子になります。そして、右巻きの陽電子を追い越して振り返ると、これは左巻きの陽電子になります。ということで、電子の場合は、考えられる物質と反物質は四種類となります（図4―3）。

同じように、私たちの知っている粒子は反物質まで考えると、右巻きの物質粒子、左巻きの物質粒子、右巻きの反物質粒子と、左巻きの反物質粒子の四種類をもっていることがはっきりとしています。

ところが、ニュートリノの場合は、このパターンには当てはまりません。物質のニュートリノはみんな左巻きで、右巻きのニュートリノを見たことがある人はいないのです。それに対して反

図4―2　左巻きが右巻きに　左巻きのニュートリノを追い越して反対側から見ると右巻きに見える。

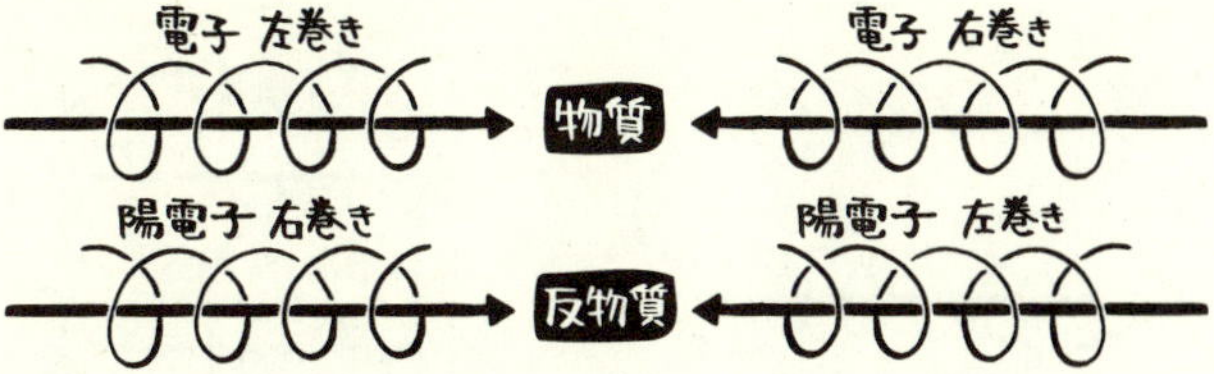

図4―3　物質と反物質　物質と反物質にはそれぞれ右巻きと左巻きがある。

ニュートリノはすべて右巻きです。こちらも左巻きの反ニュートリノは誰も見たことがないものです。

誰も見たことがないということは、誰もつくることができなかったからではないかと考えられます。つまり、これはものすごく重い粒子で、今までどんなにエネルギーをつぎ込んでもつくることができなかったと考えることにしようという話になってきたわけです。

力の統一の世界を伝える素粒子

これで話のつじつまが合ってくるように思いますが、そうするとここでも新しい問題が出てきます。同じニュートリノであるにもかかわらず、左巻きのものがものすごく軽くなって、右巻きのものがものすごく重くなるということが本当に起きるのだろうかという疑問に行き当たるのです。二つのニュートリノの違いは回転の方向だけです。それだけで右巻きのニュートリノをすごく重くして、左巻きのニュートリノだけを軽くするという都合のいいことができるのか心配になります。ところが、実際に検討してみると、なんと本当にできるかもしれないというこ

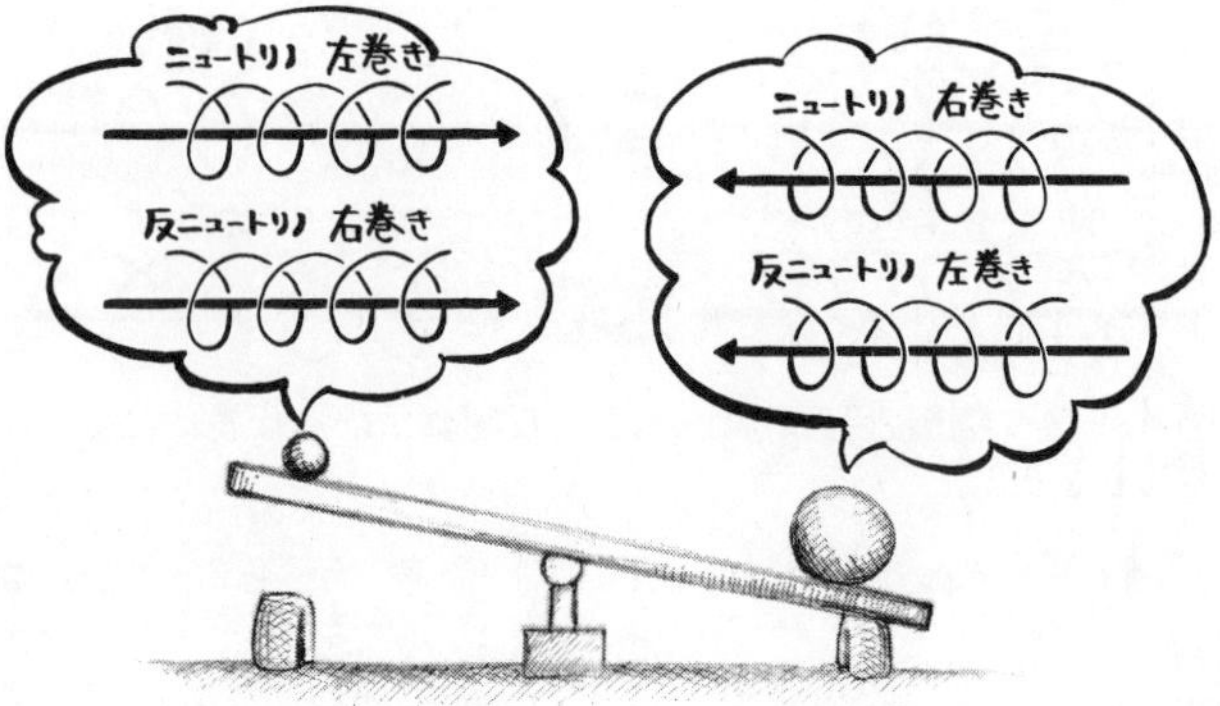

図4―4　シーソー模型　シーソー模型では、左巻きのニュートリノが軽いのは、対になる右巻きのニュートリノが重くなってバランスを取っているからだと説明している。

とがわかってきました。

ニュートリノに右巻きと左巻きの粒子があるというだけであれば、電子とよく似ているので、かなり重い粒子になってしまいます。ですが、そうならないように、右巻きのものをとことん重くしてやると、片方が重くなるわけですから、シーソーのように傾きが出てきて、もう片方の左巻きの粒子がより軽くなっていきます。このことを発見したのは柳田勉博士で、この理論はシーソー模型と名づけられています（図4―4）。

シーソー模型で考えると、この重いニュートリノがあるおかげで、軽いニュートリノがますます軽くなって、他の粒子とは比べものにならないぐらい軽く見えるというのが、それなりに自然な感じで説明できるようになるのです。それでは、この重い粒子はどのくらいの重さになるのでしょうか。計算して

図4―5　力の統一　宇宙の初期でニュートリノに何が起きたのかを調べていけば、力の統一に関するヒントが示されるかもしれない。

みると、とてつもなく重くなることがわかりました。

現在、私たちが知っている粒子で一番重いものはトップクォークです。右巻きの重いニュートリノはトップクォークの重量に○が一三個もつくほどの重さをもっているという結果になったのです。これほどの重さをもつ粒子は、宇宙がはじまった直後まで遡らないとつくることができません。その頃の宇宙は、力が四つに分かれる前の状態だったはずなので、ニュートリノを調べていけば、力の統一がどのように起きているのかがわかるかもしれないという可能性が見えてきました（図4―5）。ニュートリノは力の統一が起きている世界のことを私たちに教えてくれるメッセンジャーなのかもしれないのです。

左巻きニュートリノが軽いわけ

今、ニュートリノの重さの問題が出ましたが、標準理論では素粒子には重さがないことになっています。ところが、実際には重さをもっている素粒子がたくさんあります。先ほどから話題にしているニュートリノもその一つです。

標準理論の中で、重さがない素粒子に重さを与えていると考えられているのがヒッグス粒子です。第6章で詳しく説明しますが、ヒッグス粒子は、二〇一二年七月に発見のニュースが世界を駆け巡りました。このヒッグス粒子とニュートリノはどういう関係があるのでしょうか。ニュートリノは今のところ、左巻きしか見つかっていません。この左巻きのニュートリノはヒッグス粒子にぶつかったら右巻きに変身しないといけないのですが、本当に右巻きニュートリノが存在しなければ、変身しようがありません。その場合は、そのまま左巻きのままずっと過ごすことになります。というのも、標準理論では、ヒッグス粒子に影響を受けて速度が遅くなるのは右巻きの粒子だけで、左巻きの粒子はヒッグス粒子があってもそのまま通り過ぎることができるからです。

この話はとても大事なのでもう一度いいます。左巻きのニュートリノはヒッグス粒子にぶつかると右巻きになるはずなのですが、右巻きのニュートリノは見つかっていません。もし、ニュートリノがずっと左巻きのままであれば、ヒッグス粒子にはぶつからないことになるので、ニュートリノには重さがないという結論になっていたわけです。

ところが、ニュートリノには重さがあるということがわかったので、ヒッグス粒子には確実にぶつかります。そこで俄然、右巻きのニュートリノも本当はあるのではないかと思われるように

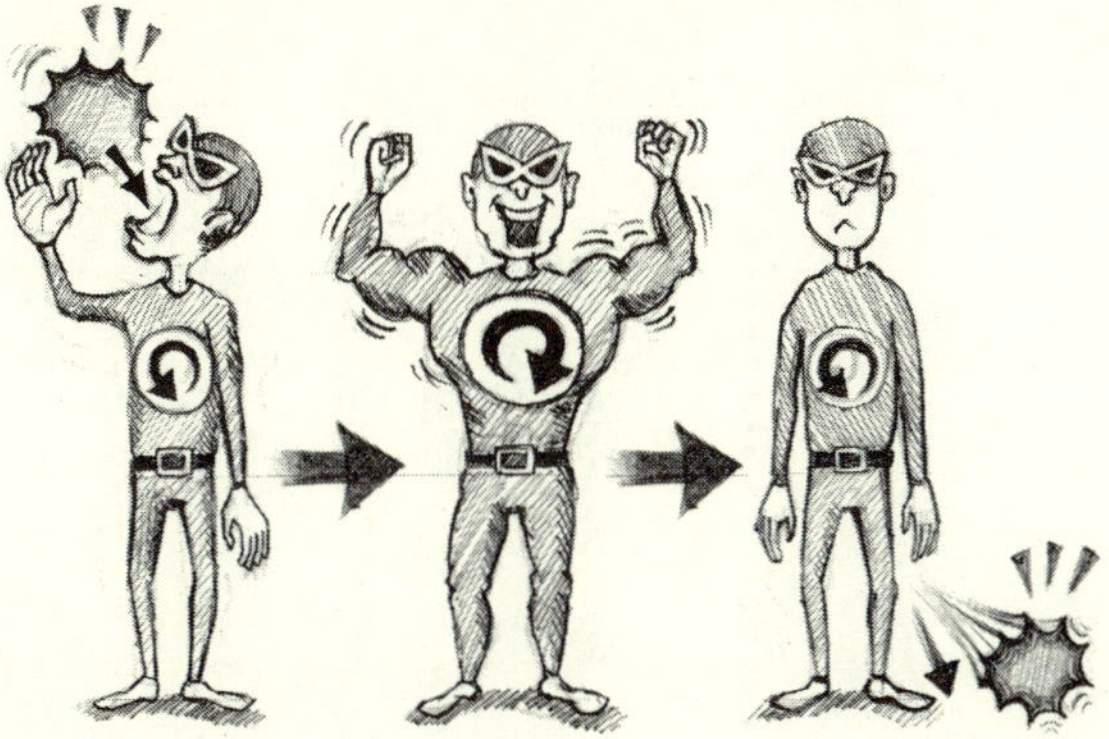

図４―６　量子力学のからくり　不確定性原理によって、わずかな時間だけならエネルギーの貸し借りが許されるため、軽いニュートリノが一瞬、超重量級のニュートリノになれる。

なったのです。ただ、先ほどもお話ししたように右巻きニュートリノはこれまで一度も見つかっていませんので、とても重い粒子だと考えられています。

そして、先ほどのシーソー模型を使えば、左巻きニュートリノと右巻きニュートリノで重さが違うことも説明できるのです。まず、左巻きニュートリノがヒッグス粒子にぶつかると、右巻きに変身します。ところが、とても軽い左巻きに対して右巻きはとても重く、エネルギーに差があるので、左巻きニュートリノはどこかでエネルギーを借りないと右巻きニュートリノにはなれません。

量子力学の根本的な原理である不確定性原理によると、エネルギーはちょっとだけ借りてもいいことになっています。この原理を取り入れて、ニュートリノの左巻きと右巻きの関係は次のように考えられています。ヒッグス粒子にぶつかった左巻きニュートリノは、周りからエネルギーを借りて右巻きに変身します。ただ、たくさんエネルギーを借りるとすぐに返さないといけません。つまり、たくさんのエネルギーを借りて右巻きになったものの、借りたエネルギーをすぐに返してしまうために、一瞬、右巻きになったと思ったらすぐに左巻きに戻ってしまうのです（図4－6）。

ニュートリノがすぐに左巻きに戻ってしまうということは、右巻きになってヒッグス粒子に引きとめられている時間が短いということです。左巻きニュートリノがヒッグス粒子に捕まってもすぐに抜け出してしまうので、左巻きニュートリノはヒッグス粒子からはほんのちょっとしか重さをもらえないことになります。これがシーソー模型の考え方なのです。

質疑応答

質問：二〇一一年の秋頃に超光速ニュートリノが話題になりました。あれは結局、まちがっていたことがはっきりしたのですが、どんなものでも光速は超えられないのでしょうか。

村山：はい、超えられないと思います。光の速さを超える粒子が現れると、いろいろとヘンなことが起こってしまいます。いろいろなところでつじつまの合わないことが発生しますので、やっぱりあってはならないことだと考えています。

ニュートリノが光速を超えたかもしれないという発表があったとき、私はアメリカにいたのですが、すぐに新聞社の記者さんから電話がかかってきました。そのデータを私も見たのですが、「光速を超えるということはないだろうな」と思ったので、その方に「たぶん、ないと思いますけど」と答えたのですが、やはり新聞記者さんはすごいですね。光速を超えたらという方向で何とか話を進めたかったのだと思いますが、「でも、もし本当だったらどんなことが起こるんですか」と聞かれたのです。

そこで、「もし本当だったらね、光より速いものがあると、実は過去に信号を送れるんですよ」と思わずいってしまいました。これがよくなかったのですが、それを聞いた記者さんが「じゃあタイムマシンみたいですね」と返してきたので、「まあ、そんなもんですかね。だからないということです」と答えたのですが、翌日の新聞には「村山はタイムマシンができるといった」という記事が掲載されてしまいました。

本当は、ニュートリノが光速を超えたらタイムマシンができてしまうくらいあり得ない話ですよといいたかったのですが、その記者さんは少しでも夢のあることを書きたかったのでしょう。少し話がそれてしまいましたが、光速より速いものがあってはいけないので、ないというのがもっともな答えだと思います。

第5章　ニュートリノはいたずらっ子?

力の統一とニュートリノ

現在、四つの力を完全に統一する理論は完成していません。今のところ、電磁気力、弱い力、強い力の三つを一つにする大統一理論完成の一歩手前のところにいますが、これも未完成です。それでも、四つの力を一気に統一させる理論として期待を集めているのが、超ひも理論です。

超ひも理論では、四つの力を統一するために、大きく二つの考え方を取り入れています。一つ目は、素粒子は今まで体積のない点として考えられていましたが、それは実はとっても小さな一次元のひもでできているという考え方です。

少し奇妙に聞こえるかもしれませんが、このひもは、私たちの目では見ることのできない小さなもので、私たちが今まで素粒子だと思っていたものは、このひもがいろいろな状態で振動した結果として現れているものだったということになります。素粒子が点ではなく、ひもからできていたと考えることによって、今まで取り込むことができなかった重力を他の三つの力と同じ土俵に乗せて考えることができるようになったのです。超ひも理論が四つの力を統一できるのではないかと期待されているのはそのためです。

そして二つ目が超対称性という考え方です。超ひも理論の「超」というのは、超対称性という考え方からつけられているのです。素粒子の対称性では、P対称性やC対称性の話をしましたが、これ以外にも新しい対称性を考えていこうというものです。四つの力を統一するためには、物質をつくるフェルミオンと力を伝達するボソンを一つにまとめる必要があります。フェルミオンとボソンはふつうに考えると一つにまとめるのは難しいのですが、超対称性を取り入れると、まとめることができるのです。

ただし、超対称性の考え方を取り入れると、素粒子の数が一気に増えます。おおざっぱに話をすると、現在、フェルミオンが一二種類あります。これらの粒子には反粒子があるので、粒子と反粒子を合わせると二四種類になります。さらに、右巻き、左巻きまでを区別すると粒子の数は倍の四八種類に増えてしまいます。加えてボソンが一二種類知られているので、粒子の数は五〇種類以上になります。そこに超対称性を取り入れると、粒子の数はさらに倍になり、一〇〇種類を超えてしまいます。

これはどういうことかというと、超対称性があると考えると、既に知られている粒子と反粒子を超対称性で反転した新しいパートナー粒子が存在する必要があります。物理学者は、そのパートナーのことを超対称性粒子とよんでいます。このような考え方を取り入れることによって、超ひも理論は、四つの力を一つにまとめようとしているのです。

ちなみに、超対称性粒子の中でも、一番軽いニュートラリーノは安定な粒子であると考えられているので、暗黒物質の有力候補の一つになっているほどです。この粒子は光子やＺボソン、あとから出てくるヒッグス粒子のパートナーです。電気的に中性でスピンが二分の一なので、ニュートリノの親せきのような粒子です。

宇宙に私たちがいるのはニュートリノのおかげ

ここで話をニュートリノに戻しましょう。前章で、物質である左巻きのニュートリノを追い越して振り返ると、何に見えるかという話をしましたが、振り返ったときに見える右巻きのニュートリノは、もしかしたら反ニュートリノなのではないかと考えられるようになってきました。そしてこの考え方は、私たちの宇宙が抱えている大きな問題を解決してくれるかもしれないのです。

もし、右巻きのニュートリノが反ニュートリノだということになれば、この宇宙に私たちが存在しているのはニュートリノのおかげだといえるようになります。物質は反物質と出合うと、ものすごいエネルギーを出して消滅してしまいます。物質と反物質はいつも一対一のペアで消滅し、エネルギーに変化します。そしてエネルギーが再び物質と反物質のペアを生みだします。

生まれたばかりの宇宙は、ものすごくたくさんのエネルギーが存在していたので、物質も反物質もたくさんできていました。物質と反物質はいつもペアで生まれるわけですから、その割合は変わらなかったのだろうと考えることができます。ところが、物質と反物質が本当に一対一でできたとすると、宇宙がだんだん大きくなって冷えてきたときに、物質と反物質が再び出合うと、やはり一対一で消滅してしまいますから、最終的に何も残らないで、宇宙は空っぽになってしまうはずです。しかし、宇宙は空っぽにはならずに、私たちは存在しているわけです。なぜ、このようなことが起きたのでしょうか。

その鍵を握っているのがニュートリノなのです。宇宙ははじまりの頃、確かにものすごいエネルギーをもっていて、物質と反物質が一対一の割合でできました。ところがニュートリノの場合は、追い越して振り返るとニュートリノが反ニュートリノに見えるということが起こる可能性があるので、ニュートリノだけは物質と反物質を入れ替える力があるのではないかというのです。

つまり、ニュートリノと反ニュートリノも、他の物質と反物質のペアと同じように一対一でできたのですが、ニュートリノがちょっといたずらをして、一〇億個のうちの一個分だけ、反ニュートリノと物質のニュートリノのバランスを崩したのではないかと考えられるのです。もし、このようなことが起きたとすると、物質と反物質が出合って消滅しても、最終的な数がずれていますから、全部なくならずに、少しだけ物質が残ることになります（図5―1）。その残った物質が、星や銀河をつくり、私たちになっていくのです。

反物質を少しだけ物質に変えることができれば、この宇宙で物質だけが残った理由が説明できます。そのためには、何としても反物質を物質に変える方法を見つけないといけないのです。ただ、ふつうの粒子にとって、反物質を物質に変化させるのはとても難しいことで、G難度の離れ

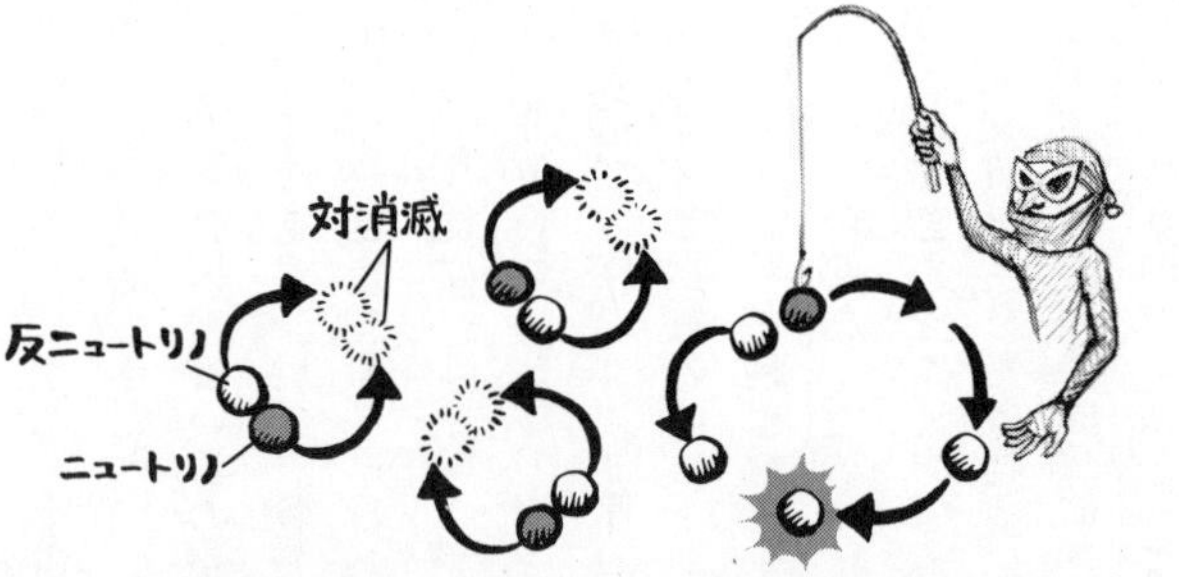

図5―1　物質の誕生　宇宙が誕生した直後に、何ものかがニュートリノと反ニュートリノのバランスを変えたかもしれない。

業になります。というのも、ふつうの物質粒子は電気的性質をもっているからです。プラスの電気をもっている粒子の反物質はマイナスの電気をもっているので、ふつうに考えれば、電気的な性質が影響して入れ替わることはできません。

ところが、ニュートリノには電気がないうえに、重さがあります。この条件があれば、追い越して振り返ったとき、左巻きを右巻きとして見ることも、やろうと思えばできるはずです。このあたりのからくりを利用して物質と反物質を入れ替えることができるかもしれないという可能性が見えてきました。そうすると、もしかしたら反ニュートリノがニュートリノに変わる反応があるのではないかという期待が高まります。そこで、その反応を捕まえる実験をカムランドでおこなうことになりました。

第3章で説明したように、カムランドの観測装置の中にはたくさんの油が入っています。この油の中にキセノンガスを溶かすことで、反ニュートリノがニュートリノに変化する現象が観測できるのではないかと考えられています。キセノンの原子核はとても大きいので、その中には中性子がたくさんあります。この中性子がベータ崩壊という現象を起こすと電子と反ニュートリノが発生します。

反ニュートリノ自身は右巻きの粒子なのですが、近くにいる中性子にとっては左巻きのニュートリノに見えるかもしれません。もし、そのように見えれば、中性子は反ニュートリノを吸収することができるので、もう一つ電子を放出します。つまり、キセノンの原子核が二つの電子を放出して、他に何も出てこなければ、キセノン原子核の中で発生した反ニュートリノがニュートリノに変化していることになります。そのような反応を探す実験なのです。この実験はもうはじまっていて、反ニュートリノとニュートリノが入れ替わるという、とても珍しい反応を世界で初めて見つけることができるかもしれません。そういう意味で、とても期待が高まっている実験です。

ニュートリノで物質と反物質のふるまいを調べる

ただ、このカムランドの実験が成功しても、証明できることは、物質と反物質が入れ替わることまでです。この結果から、私たちがこの宇宙に存在する理由を完全に説明できるわけではありません。なぜなら、物質を反物質に変えてもよかったのに、なぜ反物質を物質に変えたのかという理由が説明できないからです。物質が残った理由を説明するためにも、物質と反物質のふるまいに違いがないといけないのです。

その違いを調べることにも、ニュートリノが大活躍しています。ニュートリノは全部で三種類ありますが、ある種のニュートリノが別の種類のニュートリノに変化していることがわかってきたので、この性質を利用すれば物質と反物質のふるまいに違いを見つけられるのでは、と期待が寄せられています。たとえばミューニュートリノが電子ニュートリノに変わる確率を調べて、次に反ミューニュートリノが反電子ニュートリノに変わる確率を測定することで、両者の違いが観測できる可能性があるのです。ニュートリノと反ニュートリノの違いがわかってくれば、宇宙がはじまった頃に、なぜ物質が残って反物質が消滅してしまったのかという問いの答えが一気に近くまでやってくるかもしれません。

ミューニュートリノは電子ニュートリノに変化した

ただ、この実験の大前提になるミューニュートリノが電子ニュートリノに変化する反応がまだ見つかっていないので、まずはそれを探す実験が二〇一〇年からはじまりました。

これは茨城県那珂郡東海村にあるJ－PARCという加速器でつくったニュートリノのビームを、約三〇〇キロメートル先にある神岡鉱山のスーパーカミオカンデで捕まえようというものです。東海村の頭文字のTと、神岡の頭文字のKを取ってT2K実験と名づけられています（図5

―2）。

この実験は名前だけを見ると日本だけでやっているようにも見えますが、国際共同実験で、一二ヵ国の実験物理学者五〇〇人がチームを組むという大がかりなものになっています。五〇〇人のうち、日本人は一〇〇人弱で、四〇〇人強が外国人です。これだけの人が日本に集まって実験をおこなう時代になっているのです。

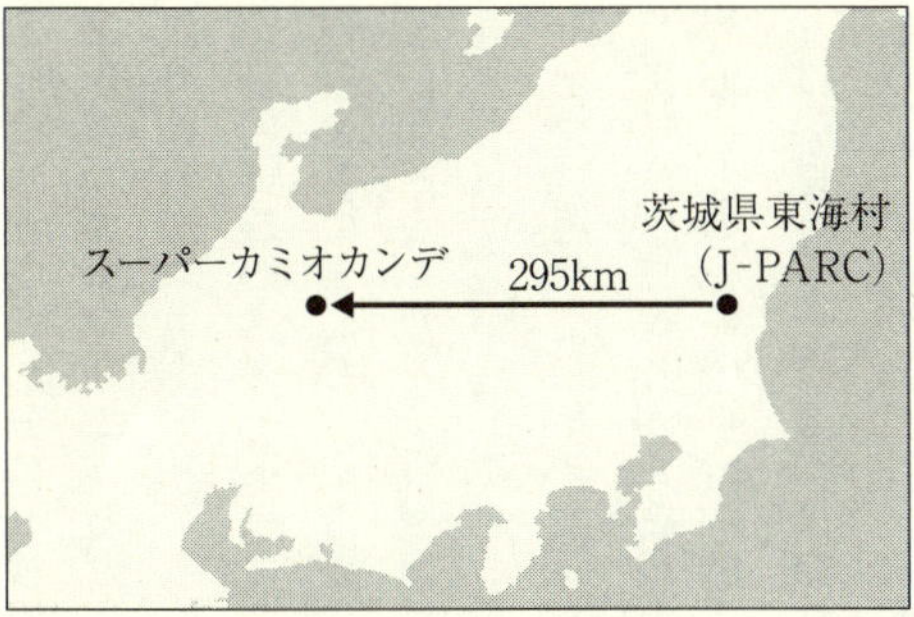

図５―２　T2K実験　茨城県東海村に建設された陽子加速器実験施設（J-PARC）でつくったニュートリノをスーパーカミオカンデで観測する。

この実験は三〇〇キロメートル離れた場所で撃ったビームを捕まえるわけですから、タイミングを合わせるのがとても大切になります。これだけ離れていると「せーの」と掛け声をかけるわけにもいきませんので、カーナビに使っているGPSを利用します。カーナビは自分のいる位置を知らせる装置なので、位置を知ることしかできないと思う人もいるかと思いますが、実は、カーナビの一番の得意技は時間を測ることなのです。時間を精密に測ることができるので、場所を正確に割り出すことができるのです。

ニュートリノが三〇〇キロメートル進むためにかか

る時間は一〇〇〇分の一秒ほどです。GPSを使うと一〇〇〇分の一秒の時間が測れるので、それを使って測定してみると、確かにビームを撃った瞬間から一〇〇〇分の一秒後にスーパーカミオカンデでニュートリノを捕まえることができています。

この実験がスタートしてから半年後に東日本大震災が起きて、東海村のJ-PARCも大きな被害を受けました。そこから復旧するのに一年近くかかってしまい、その間、実験が止まってしまいました。ただ、震災前までのデータを分析してみると、九九・三パーセント確実に、ミューニュートリノが電子ニュートリノになるという結果になりました。これも大ニュースとして世界中を駆け巡りました。九九・三パーセントの確率だから、もういいではないかとふつうは思うわけですが、残念ながら物理学では、これではまだまだ確かではありません。たいていの場合は、九九・九九九九パーセントまで確実じゃないと、発見といわないのです。当然のことながら、これは発見ということにはなりませんでした。

J-PARCは二〇一一年一二月に復旧し、現在は実験が再開されています。ところが、J-PARCの運転が止まっている間に、中国の研究チームがまったく別の方法による実験で、ミューニュートリノから電子ニュートリノへ変化するニュートリノ振動を発見したのです。

中国のチームは加速器を使わずに、原子炉からやってくるニュートリノを捕まえるという方法を使いました。六基の原子炉が並んでいる発電所の近くと、遠く離れた場所にそれぞれニュートリノの検出器を設置して、近くで測定した結果と、遠くで測定した結果を比べてみたのです。発電所の近くで測定した結果から、遠くまでやってくるミューニュートリノの数は一万一三〇個あるはずだと計算できたのですが、実際に測定してみると、九九〇〇個しか捕まえることができませんでした。

このくらい減っていると、ミューニュートリノから電子ニュートリノへのニュートリノ振動が確かに発見されたということになります。中国チームの発表によると、この結果がまちがいである可能性は〇・〇〇〇〇〇〇一パーセントしかないそうです。

実は、中国だけではなく、韓国でも似たような実験をおこなっていて、こちらもほぼ同じ精度のデータが出たと報告がありました。日本のチームが、地震で実験装置が壊れて、実験を停止している間に、中国と韓国に追い抜かれてしまったという残念な結果になってしまいました。

ですが、日本のチームもこのまま黙っているわけにはいきません。ここから巻き返すためにも、さらに壮大な実験を計画しています。今、研究者のグループが考えているのはスーパーカミオカンデよりも二〇倍大きい一〇〇万トンの水を貯められる新たな実験装置の建設です。候補地は決まっていて、ボーリング調査も終わっています。

実際にこのような装置をつくることができれば、標的の大きさが二〇倍になるので、得られるデータの量も二〇倍になります。でも、それだけではもったいないので、できることなら撃ち込むビームも強くして、もっとたくさんのデータを取れるようにしたいと考えています。

より強力なビームをつくる方法は、現在、研究中ですが、ミューニュートリノが電子ニュートリノに変化するしくみや、反ミューニュートリノが反電子ニュートリノに変化するしくみが詳しくわかって、この二つの現象をきちんと比べることができるようになれば、物質が残って、反物質が消えてしまった理由がわかるのではないかと思います。

質疑応答

質問：現在残っている物質は原子核とか、そういう重いものが多く、ニュートリノはあまり関係ないといわれています。反ニュートリノがニュートリノに変化しても、原子核などにはあまり関係がないと思うのですが、その関係はどうなっているのでしょうか。

村山：それはすごくいい質問です。物理学者も、やはり長いことそう思っていました。その考えが変わったのが、一九八五年のことです。ずいぶん長いこと議論されていて、最終的にわかったのはこういうことです。

宇宙の中には四つの力があります。現在の宇宙は対称性が破れていて、私たちの日常生活では弱い力をほとんど目にしなくなっています。というのも、弱い力は一ナノメートルのさらに一〇億分の一ぐらいの距離にしか働かないので、原子核より外側ではほとんど効果がないのです。

ところが標準理論でわかってきたのは、その弱い力と、私たちがふだん身のまわりで感じている電磁気力が、実は同じ種類の力だったということです。電磁気力は私たちも感じることができるので、遠くまで力が働くことになります。力が働く範囲がまったく違うのに、実は同じ種類の力だったというのです。

これも対称性の一例です。つまり、宇宙が誕生したばかりの頃は、弱い力と電磁気力は対称性が保たれていて同じような力だったのですが、現在は対称性が破れてまったく違う力のように見えています。その対称性が破れているのは、宇宙全体にヒッグス粒子がびっしり詰まっているせいだというのが標準理論の考え方です。

宇宙が誕生したばかりの頃は、ヒッグス粒子は熱すぎてびゅんびゅん飛び回っています。すると、対称性が保たれ、弱い力と電磁気力が同じようにふるまいます。そのようなときは、私たちの体をつくっているクォークとニュートリノがお互いに入れ替わることができることがわかってきました。現在のように宇宙が冷たすぎるとそういうことは起こりませんが、宇宙の最初の頃にはクォークとニュートリノは行ったり来たりすることができたことになります。

ですから、ニュートリノの方で粒子と反粒子のずれをつくると、それがちゃんとクォークの方にも伝わって、クォークと反クォークの間にもずれができて、そのおかげで原子と反原子にもずれができるというしくみになるのです。

　なんだか、風が吹けば桶屋が儲かるみたいな感じで、最初のニュートリノと反ニュートリノのずれから、私たちの体をつくる物質と反物質の間で差ができるまでに、いくつものステップがありますが、それぞれのステップはちゃんとわかっているので、最初のニュートリノと反ニュートリノの差というのだけちゃんとつくってやれば、あとは基本的にふつうの物質と反物質の差にいきつくことになります。

第6章　ヒッグス粒子の正体

ヒッグス粒子は神の粒子?!

ここまでは、どうしてこの宇宙に私たちが存在できるようになったのかということを、ニュートリノを軸にしてお話ししてきました。実は、ニュートリノの他にも、私たちの存在そのものに関わる重要な素粒子があります。それがヒッグス粒子です。

二〇一二年七月四日、ヒッグス粒子発見のニュースが世界中を駆け巡りました。この発表がおこなわれたのがスイスのCERNです。ヒッグス粒子のシグナルがあったという発表をした瞬間、その場にいた物理学者たちは、みんなガッツポーズをして喜びました。

ヒッグス粒子があるはずだとピーター・ヒッグス博士が予言したのは、今から五〇年ほど前の一九六四年のことです（図6―1）。その予言を確かめるために実験の構想がもち上がったのが約三〇年前。そして、その構想をもとに装置をつくりはじめたのが一〇年前で、今回、やっとヒッグス粒子をとらえることができたのです。当日、会場にはヒッグス博士も駆けつけて、発表の様子を見守っていました。

ヒッグス粒子の探索には日本の研究チームも貢献しています。日本チームは東京大学准教授の浅井祥仁博士を中心にデータの解析を進めました。浅井博士はCERNでの発表をインターネット経由で中継しながら、日本で集まった人たちに向けて解説をしました。私たちのカブリ数物連携宇宙研究機構でも、みんなで集まってCERNからの中継を見ました。残念ながら私はアメリカの自宅にいたので、その場に一緒にいることはできなかったのですが、アメリカからビデオ会議システムでつなげて、みんなと一緒に発表を聞きました。アメリカ西海岸の時間では発表が終わったのは夜中の一時半だったのですが、興奮してまったく眠れなくなりました。世界中の物理学者が興奮して大騒ぎしていた日だったのです。

物理学者が大騒ぎして喜んだヒッグス粒子とは、いったいどのようなものなのでしょうか。素粒子の標準理論では、すべての素粒子はもともと重さをもっていないことになっています。ですが、クォーク、電子、ニュートリノなど、ほとんどの素粒子は重さをもっています。この矛盾を解決するために考え出されたのがヒッグス粒子です。

図6―1　ピーター・ヒッグス博士　素粒子が質量をもつようになるヒッグス機構を提唱し、ヒッグス粒子の存在を予言した。（CCBY-SA2.0）

たとえば、電子は、本来は重さをもっていないわけですから、光速ですばやく通りぬけたいところですが、通りぬけようとするとヒッグス粒子にゴツン、ゴツンとぶつかって遅くなってしまいます。この遅くなった分だけ、電子は重さをもらってしまうのです。つまり、ふつうの素粒子は空間を通りぬけるときに、ヒッグス粒子に邪魔をされることで、重さを獲得するしくみになっているのです。

ヒッグス粒子がどのくらい詰まっているかといえば、角砂糖くらいの空間に、約10^{50}兆個になります。実際に感じることはできませんが、私たちはヒッグス粒子がびっしりと詰まった空間の中で、活動していることになるのです。ヒッグス粒子は他の粒子よりもはるかに高い密度で存在していると考えられています。ただ、物理学者はこのように考えていますが、現実世界のヒッグス粒子はまだ見つかったばかりなので、本当に宇宙空間にびっしりと詰まっているのかは、まだ確認できていません。そのあたりはこれからの研究課題になるわけです。

ヒッグス粒子を見つけたのは、CERNがスイスのジュネーブにつくったLHCというとても大きな装置です。スイスとフランスの国境付近の地下にあるこの装置は、一周二七キロメートルもあり山手線と同じくらいの大きさです。そのくらい大きなトンネルの中に、超電導磁石などのハイテク機器がたくさん詰め込まれています（図6―2）。

このトンネルは円形なので、トンネルの中に入ったら、途中で曲がっていることがわかるはずなのですが、LHCはとても大きいために、トンネルの中に入ってもまっすぐの道が続いているだけに見えます。この大きな円形のトンネルの中で二つの陽子を飛ばし、超電導磁石によってどんどん加速していきます。そして、高いエネルギー状態にまでもっていって、ガチャンとぶつけ

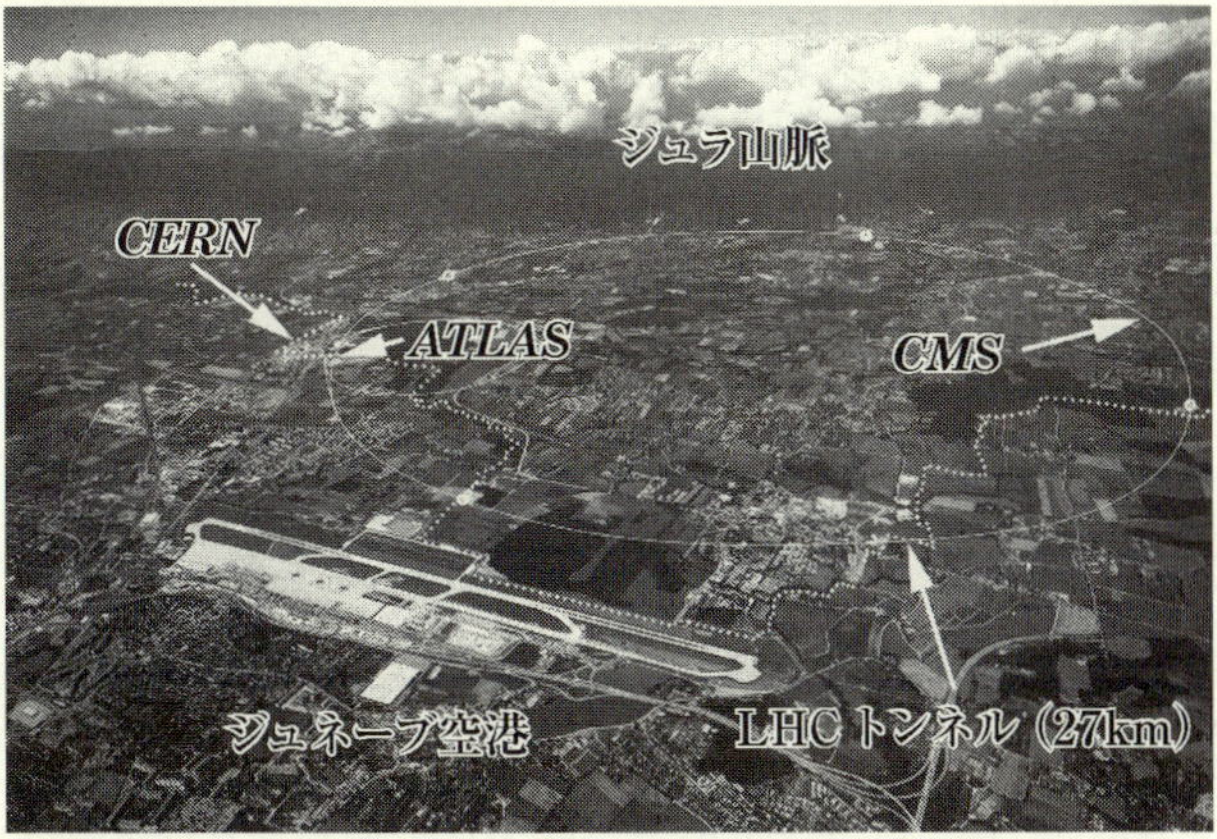

図6―2　LHC　スイス・ジュネーブの地下に建設されている大型加速器LHC 。1周27キロメートルと山手線ほどの大きさがある。（CERN）

るのです。

こうすることによって、誕生したばかりの頃の宇宙をつくろうとしているのです。いわば、ビッグバンをやり直すわけですね。もちろん、ビッグバンそのものをやり直したら危ないことになります。宇宙がもう一つできてしまったら困りますよね。

LHCが運転する前に、本気でそのように考える人たちが反対運動を起こしましたが、実際にビッグバンそのものを起こすことはできません。それよりも本当に小さな規模で宇宙の最初に起きていたような反応を実験室でつくってみようということです。ビッグバンでなくリトルバンを起こそうという試みです。そのような反応を起こすことで、宇宙の最初の頃がどのような状態だったのかがわかるのではないかという単純なアイデアです。

ヒッグス粒子は別名、神の粒子ともいわれています。この名前は一九八八年にノーベル物理学賞を受賞したレオン・レーダーマン博士が、著書のタイトルで、ヒッグス粒子のことを「god particle」とよんだことがはじまりです。ところが、これはまことしやかな噂によると、レーダーマン博士は神の粒子なんていうすばらしい名前をつけるつもりはなかったらしいのです。三〇年以上延々と探し続けていても一向に見つからない粒子にしびれを切らして、「この粒子、こんちくしょう」という意味の「goddamn particle」といったところ、これが短くなって「god particle」となったのだろうといわれています。この話が本当だとしたら、本来はいい意味ではなかったようですが、ヒッグス粒子はそれぐらい長いこと探し求められていて、やっと発見することにいたったわけで、物理学者たちがどのくらい待ち望んできたのかがおわかりいただけるでしょう。

軽自動車をぶつけて戦車を探す

ＬＨＣでは、陽子をものすごいエネルギーで加速して、ガチャンとぶつけるわけですが、この実験はいくつもの困難を克服しています。まず、この実験をするためにはとても速い陽子をつくる必要がありますが、それをつくるまでにもいくつものステップがあります。

最初にやることは、加速させるための陽子をつくることです。もちろん、陽子は私たちの体の中にもあるわけですから、それをもってくればいい話です。一番簡単なのは、水素原子から電子を取ってしまえばいいわけですね。

そのようにしてつくった陽子を加速させますが、これも一気に加速させるわけではありません。まず、直線状の加速器で加速させた後、全長六二八メートルのプロトン・シンクロトロン（Proton Synchrotron：PS）で加速させます。これは一九五九年と、五〇年以上前につくられた装置なので、何とかごまかしたり、なだめたりしながら使っています。これからいろいろと修理が必要になってくるものです。

PSで加速した後、スーパー・プロトン・シンクロトロン（SPS）というあまりよく考えられていない名前の加速器に入っていきます。SPSは全長7キロメートルでPSよりも速度を上げることができます。つくられたのは一九七六年と、これも四〇年近く稼働している装置です。

ここまで加速してやっと、一番大きなLHCに陽子を入れていきます。LHCという名前も、実はあまりおもしろいものではありません。ラージ・ハドロン・コライダー（Large Hadron Collider）の略で、そのまま訳すと、陽子をぶつける大きな装置という、単にそれだけの名前です。それはともかく、陽子はLHCの中をグルグル回りながら最終段階まで加速されて何回もぶつけられます。

ただし、単に陽子をぶつけただけでは何が起きているのかがわかりませんので、それを調べるための測定装置が必要になります。陽子を加速するための加速器はとても大きいものでしたが、測定装置もとても大きなものです。今回、LHCを使ってヒッグス粒子探しをしたのはアトラスとCMSという二つの実験グループでした。

日本が参加しているのはアトラス実験の方で、この実験装置は高さ二二メートルにもおよびます（図6—3）。スーパーカミオカンデを横倒ししたくらいの大きさです。一方のCMS実験の装置は、アトラスよりも小さなものですが、それでも一五メートルもの高さです。どちらも、専門外の人にとっては巨大な装置の部類に入るでしょう。陽子というとても小さなものの衝突を調べるために、このような巨大な装置が必要になるというのは、はたから見ると不思議なことかもしれませんね。

これらの装置は、LHCの地下トンネルの中に入っていて、加速した陽子がこの装置に飛び込んでくるわけです。そして、反対側からもう一つの陽子が同じように加速されてやってきて、ちょうど真ん中で正面衝突すると、ここからいろいろなものが出てきます。

二つの陽子を正面からぶつけたら、バラバラになるということは直感的にわかると思います。この状態は、二つの大福もちを両端から投げて正面衝突させたような感じです。大福もちをぶつければ、中からあんこが飛び散ります。同じように、陽子同士でもぶつけたときにいろいろなも

図6—3　アトラス実験の観測装置　高さ22m、全長44mもある。(CERN)

のが飛び散ります。ですが、ヒッグス粒子の探索では中から飛び散るあんこには興味がないのです。何に興味があるかというと、ぶつけたときに新しくできる物質です。

これはアインシュタインのいったことですが、エネルギーと重さは入れ替

図6―4　ヒッグス粒子が生まれる過程　光速に近い速さにまで加速した陽子は高いエネルギーをもつので、衝突によってヒッグス粒子などの重い粒子をつくることができる。

えることができます。そのことを示しているのが$E=mc^2$という有名な式です。この式は、とても大きなエネルギーをつぎ込むと、重さをもった物質に変換することができることを示しています。LHCでの実験は二つの陽子をぶつけて、もっと重い粒子を生みだそうとしているものです。たとえていうなら、二台の軽自動車をものすごい速さにまでスピードを出してぶつけることでできた大きなエネルギーによって、ブルドーザーや戦車を出そうとしているようなものなのです(図6―4)。ですから、ヒッグス粒子を探すグループにとっては、バラバラになった軽自動車の破片は邪魔な存在で、その中から出てくる戦車のようなものを探しているのです。

一〇〇〇兆回の衝突で一〇個のヒッグス粒子

日本のチームも参加しているアトラス実験は、ギリシャ神話に出てくる神様の名前から命名されています。アトラスは世界の果てで天球を絶えず支え続けている神様ですが、このグループが使っている装置が高さ二二メートルと巨大なものですから、そのような名前をつけるのもうなずけます。それほど大きな装置で、この装置をつくるために一〇年以上の時間を費やしています。

二つの陽子が正面衝突すると、その衝撃でたくさんの粒子が四方八方に飛び散ります。アトラス実験ではそれらの粒子をすべてとらえるために、性質の違う数種類の観測装置が積み重ねられた構造になっています。一つの装置だけだと一種類の粒子しか捕まえられませんが、たくさんの装置を重ねることで、どんな粒子が誕生してもとらえることができるようになっています。

アトラス実験とCMS実験は同じLHCを使って実験をしていますが、ライバルですからいつも競争しています。この二つのグループは同じように二つの陽子をぶつけて観測しています。LHCのある場所にはアトラス実験の装置が置かれて、別の場所にはCMS実験の装置がありす。その状況で、一緒にデータを取りながら、お互いに「自分のグループが最初にヒッグス粒子を見つけるんだ」という意気込みで競争しているわけです。

先ほどもいいましたが、どちらの実験も二つの陽子を衝突させますが、そこから本当に観測したいヒッグス粒子はほんの少ししかできません。大福もちから飛び散るあんこではなく、大福もちがぶつかったときに生まれるまったく新しい粒子を見たいわけです。二つの陽子を一回衝突させると、そこからたくさんの粒子に分かれ、こうした衝突をガシャガシャと何度も何度も繰り返し、毎回衝突からまた違う粒子が出てくるわけですが、そのほとんどがこのヒッグス粒子とは関係のない粒子で、まったく興味のないゴミのようなものです。

どちらの実験も一年間に一〇〇〇兆回衝突を繰り返す中に、一〇個くらいヒッグス粒子に関係する粒子が見つかればいいかなというレベルなのです。いってみれば、埋め立て場に捨てられたゴミの中から、古いワイシャツのポケットに入れていた一本の針を探し出すようなもので、本当にたいへんな作業です。

このような作業ができるようになったのは観測機器とともに、コンピュータ技術が進歩したおかげです。たくさんあるデータをコンピュータで同時に処理して、その中から欲しいものを抜き出すことができるようになったことによって、ヒッグス粒子に関係した粒子の存在を確かめることができたのです。特に威力を発揮したのがグリッドコンピューティングです。これは世界中にあるたくさんのコンピュータをネットワークでつないで、一台のスーパーコンピュータのように使おうというもので、自分がしたい計算をネットワーク上で走らせると、世界中のコンピュータの中で一番手の空いているものを自動的に使うしくみになっています。ですから、日本で入力した計算をドイツのコンピュータでやっているかもしれないのです。そのように世界の国々が協力して初めて、膨大なデータから欲しいものを探し出すことができるようになったのです。

九九・九九九九四パーセントの確実性

ＬＨＣでの実験が本格的にスタートしたのは二〇一〇年のことでした。実は、ＬＨＣは二〇〇八年に稼働し始めたのですが、すぐに故障が見つかって、しばらく修理をしていたので、本格的なスタートが遅くなってしまいました。

二〇一〇年からはじまった実験は、順調に進み、少しずつデータが蓄積されてきました。そして、二〇一一年一二月に最初のミーティングが開催されました。このときの発表は、まだはっきりとわかりませんという結果でした。データの中にはヒッグス粒子っぽい兆候は見られたのですが、まだ確率が低いので断定できないということだったのです。このときのまちがっている確率というのが、さいころを二回投げて、二回連続で六の目が出るくらいの確率でした。このようなことはときどき起こりますので、観測したものが絶対ヒッグス粒子とはいえないというものだったのです。ですから、公式見解では、まだはっきりとわからないというしかありませんでした。

実験はどんなにがんばってデータを取ってもまちがえる可能性はゼロではありません。人間のやっていることなので、まちがえる可能性はあります。それから、ゴミの山のように関係のないデータから針一本のような欲しいデータを見つけようとしているので、たまにゴミが欲しいデータのように見えてしまうこともあります。ですから、本当に気をつけないといけないわけです。

まちがいを起こさないためにも、素粒子物理学実験に関わる人たちは、ものすごく厳しい条件を課します。何か新しいものを見つけたときに、まちがっている可能性が〇・三パーセントしかないとき、つまり、九九・七パーセント確実なときに初めて、新しいものの証拠を捕まえたということができます。でも、この段階ではまだ発見とはいいません。あくまでも証拠を捕まえただけです。素粒子物理学の業界用語では九九・七パーセントの確実性を三シグマといっています。シグマというのは統計学でよく使われる標準偏差というものです。

私は個人的にあまり好きではないのですが、受験のときによく出てくる偏差値がありますね。これは平均が五〇です。そして、一シグマ、標準偏差一となると偏差値が一〇増えて六〇になります。三シグマの場合は偏差値が八〇となります。受験では、偏差値八〇の人はめったにいないわけですが、素粒子の場合は、まだ確実に発見したとはいえないのです。

発見したというためには、確実性を九九・九九九九四パーセントまで高めないといけません。これは五シグマ、偏差値一〇〇にあたります。偏差値一〇〇というのは、一億人の中の四〇人程度です。日本人全員に対して、闇雲に石を投げたときに、特定の四〇人に当たるくらいまちがう可能性が低くなったときに、初めて発見といえるのです。

二〇一一年一二月の段階では、確実性がまだ九九・七パーセントにもいかなかったので、はっきりとわからないという発表だったのですが、それからわずか半年後の二〇一二年七月に九九・

九九九九四パーセントにまで確実性を高めることができたので、発見というニュースになりました。

光子とミューオンを探せ

アトラス実験とCMS実験はどちらもヒッグス粒子を探す実験なのですが、ヒッグス粒子そのものをとらえているわけではありません。ヒッグス粒子が発生した後にできる痕跡のようなものを観測しているのです。それでは何を観測しているのでしょうか。

ヒッグス粒子の痕跡はいくつかの形で現れてきます。一つ目は光子です。エネルギーの高い陽子を衝突させたときに、大福もちのあんこにあたるような陽子に由来するたくさんの粒子の中に光子が二つ観測できます。この二つの光子がヒッグス粒子の壊れたものなのです。光子はふだん私たちが目にしている光の粒です。

少し変な話ですが、光は光で見ることができません。光と光はぶつからないので、存在していても気がつかないのです。私たちは、網膜に光が当たると電子が飛び出すしくみをもっているので、光を感じることができます。観測機器にも同じように光子を電子に変換する装置を加えることで、ヒッグス粒子から生まれた光子をとらえることができます。

ヒッグス粒子のもう一つの痕跡は電子やミューオンといったレプトンです。ミューオンはあま

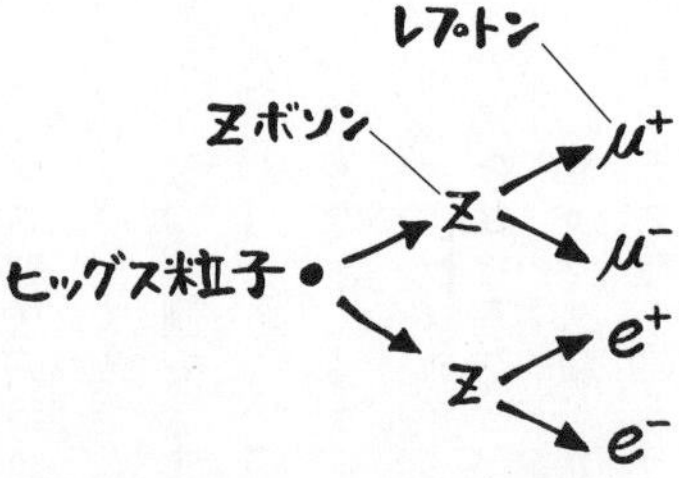

図6—5　ヒッグス粒子の痕跡をとらえる　ヒッグス粒子はつくられてもすぐに他の粒子に分解してしまうので、分解したあとの粒子を捕まえてヒッグス粒子ができたかどうかを調べる。

り聞きなれない粒子ですが、電子の兄弟分の粒子で、実は宇宙から私たちのまわりにたくさん降り注いでいます。私たちは気づいていませんが、一秒間に一万個ほどのミューオンが私たちの体を通りぬけています。

また、最近ではミューオンを火山の噴火予測に応用する研究も進んでいます。ミューオンは私たちの体だけでなく、ほとんどすべてのものを通りぬけますが、ものの密度によって通りぬけ方に差ができます。マグマのように液体で密度が低い場所はたくさん通過して、固体の岩の部分は通過する量が少なくなるので、マグマが火山のどのあたりまで上がってきているのかがわかるようになります。そのような研究も進められています。

ヒッグス粒子から生まれるレプトンの特徴は四ついっぺんにできることです（図6—5）。まず、ヒッグス粒子が二つのZボソンに分かれます。そのZボソンからミューオン、反ミューオンが二つずつ、または電子、陽電子が二つずつ、合計四つの粒子が観測されることになります。

アトラス実験（図6—6）とCMS実験（図6—7）は、どちらもこうしたヒッグス粒子の壊れた破片を観測して、ヒッグス粒子の証拠となるデータを積み重ねてきました。どちらの粒子も、

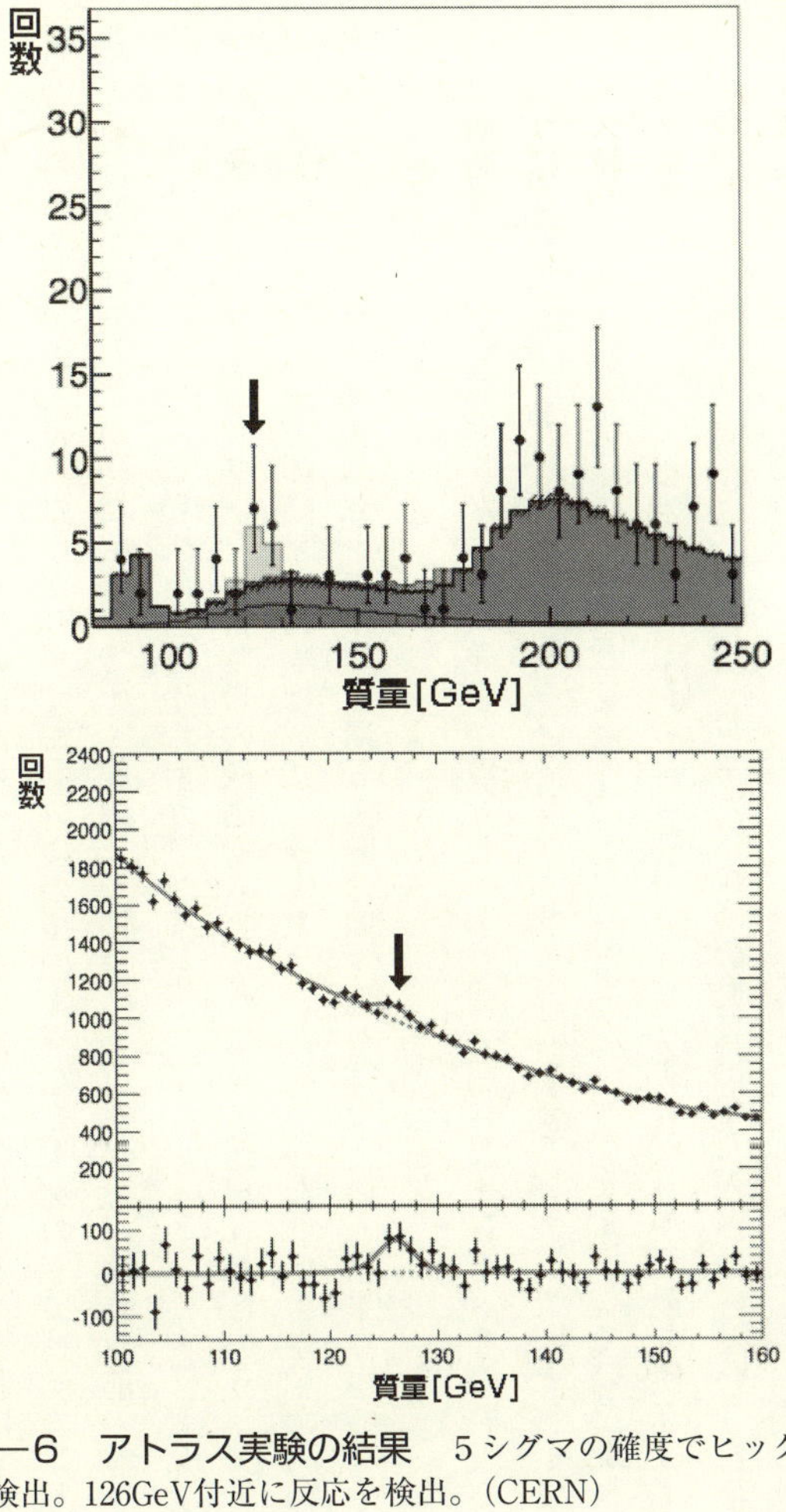

図6—6　アトラス実験の結果　5シグマの確度でヒッグス粒子を検出。126GeV付近に反応を検出。（CERN）

陽子を衝突させるとたくさん出てきますが、その中でヒッグス粒子から生まれた光子とレプトンを探すことが求められます。これがゴミの山から一本の針を探すような作業というわけです。

どちらの図も見ていただければわかりますが、ゴミの山のようなデータの上にピョコンと顔を出している部分が観測したかったデータです。観測した粒子のデータから、壊れる前の粒子の重さが計算できるので、ヒッグス粒子かどうかがわかります。

今回の実験では、光子とレプトンのどちらの観測でもヒッグス粒子が現れたというシグナルが見つかりました。実は、片方の結果だけでは、まだ確実とはいえなかったのですが、両方の結果を集めてみるとアトラス実験は五シグマ、CMS実験は四・九シグマという結果を得て、七月四日の発表となったのです。

この発表を受けて、CERNから公式発表がWebページに公開されました。その発表文には「CERNの実験が、長い間探してきたヒッグス粒子と思われる粒子を観測した」と書いてあります。この「観測」という言葉は「発見」を意味するものです。何かを発見していなかったら「観測した」とはいわずに、「根拠がありました」「証拠があります」という言葉を使うはずなのです。「観測した」という言葉の使い方に、ヒッグス粒子の発見はまちがいないという自信がうかがえます(図6―8)。

ですが、ヒッグス粒子探しはこれで終わったわけではありません。CERNの公式発表でも次

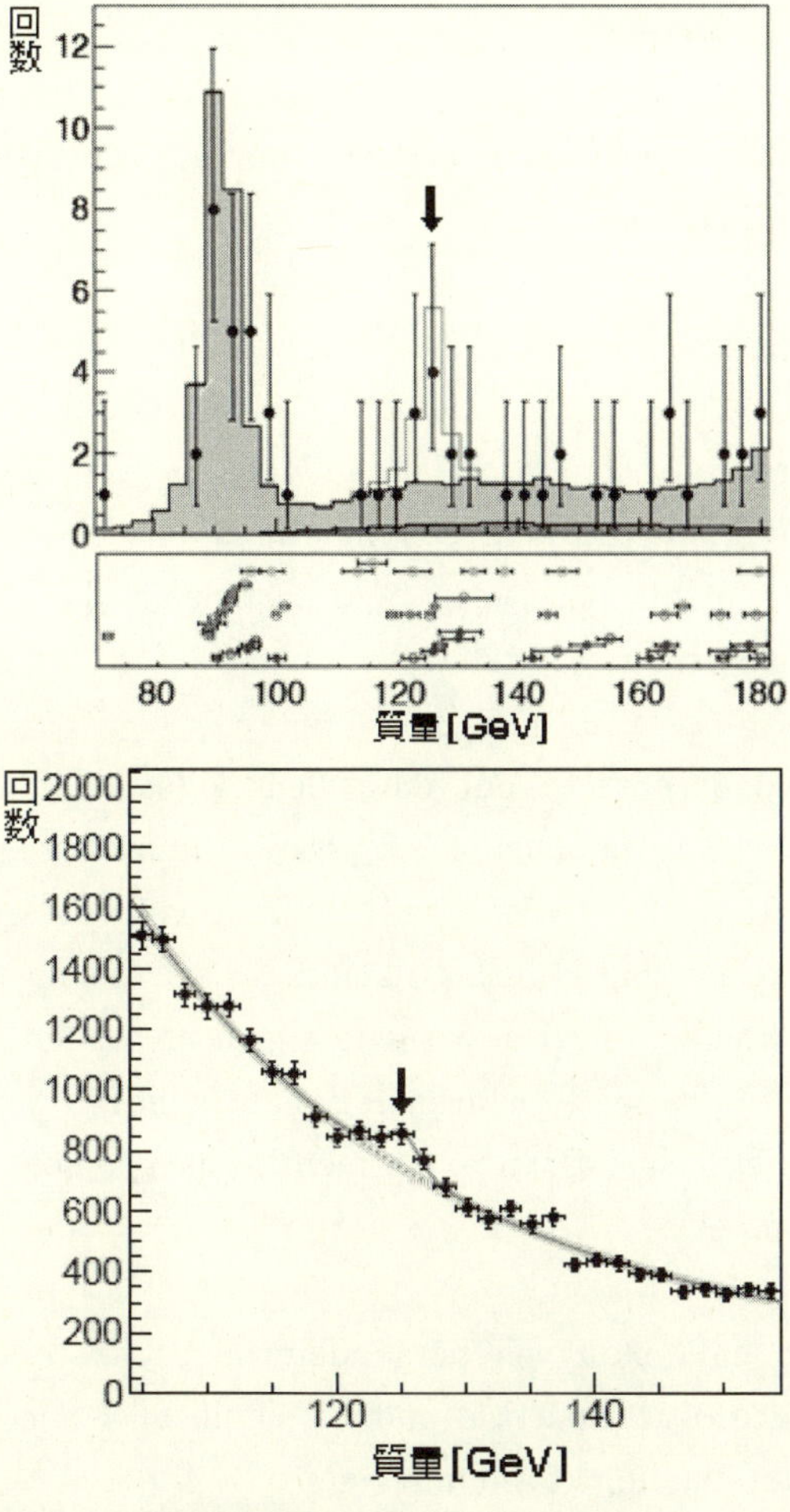

図6―7　CMS実験の結果　4.9シグマの確度でヒッグス粒子を検出。アトラス実験とほぼ同じ126GeV付近に反応をとらえる。(CERN)

CERN公式見解

CERN experiments observe particle consistent with long-sought Higgs boson

Geneva, 4 July 2012. At a seminar held at CERN today, the ATLAS and CMS experiments presented their latest preliminary results in the search for the long sought Higgs particle. Both experiments observe a new particle in the mass region around 125-126 GeV.

"We observe in our data clear signs of a new particle, at the level of 5 sigma, in the mass region around 126 GeV," said ATLAS experiment spokesperson Fabiola Gianotti. "The results are preliminary but the 5 sigma signal at around 125 GeV we're seeing is dramatic. This is indeed a new particle," said CMS experiment spokesperson Joe Incandela.

The next step will be to determine the precise nature of the particle and its significance for our understanding of the universe.

図6−8　CERNが公式発表したときの文面　odserveという表現から新粒子の存在は確実視されている。(CERN)

のステップについて触れています。それによると、見つかった粒子はほぼまちがいなくヒッグス粒子なのですが、これが本当にヒッグス粒子なのかをはっきりさせ、そのうえでヒッグス粒子の性質を明らかにしていくことになります。ということで、戦いはまだ始まったばかりなのです。

新しい粒子の存在を予言したヒッグス博士

今回の発表で、五〇年以上探してきたヒッグス粒子は実際に存在することがはっきりしましたので、ほとんどの物理学者は近い将来ノーベル賞が贈られるのではないかと思っています。その候補として、まず、名前があがるのが、ヒッグス粒子の提唱者であるピーター・ヒッグス博士です。さらにあと二人、ベルギーのフランソワ・エングレール博士とロバート・ブラウト博士も、ほぼ同時期に論文を出していて、ノーベル賞の価値があるといわれています。

残念ながらブラウト博士は二〇一一年に亡くなられたので、ブラウト博士が受賞されることはなくなってしまいました。ノーベル賞は生存している人に贈られる賞なので、これはしかたがないことですね。

三人の博士は同じように一九六四年に論文を出しています。エングレール博士とブラウト博士は六月に投稿しているのに対して、ヒッグス博士は八月に出しました。ヒッグス博士の方が二ヵ月も遅いのに、なぜ、ヒッグス粒子という名がついたのでしょうか。その答えは三人の書いた論文の中身にあるのです。

エングレール博士とブラウト博士の論文は「このような謎を解決しました」というところまでしか書いてなくて、新しい粒子のことには触れていなかったのです。ところが、ヒッグス博士の方は「このような新しい粒子があるはずだ」という一行がちゃんと記されていました。この一行が書いてあったことによって予言された粒子をヒッグス粒子とよぶようになったのです。

実は、この話にはさらに続きがありまして、ヒッグス博士が「新しい粒子があるはずだ」と書いた論文は、最初の原稿ではその一行が入っていなかったのです。これはすごく大切な項目ですよね。これが書いてあるかどうかで、粒子の名前が変わる可能性があったわけですから。

学術雑誌には投稿された論文を掲載するかどうかを審査するレフリーという役割の人がいます。そのとき、ヒッグス博士の論文を読んだレフリーは、このままだと二ヵ月前に投稿されたエングレール博士やブラウト博士の論文と同じ内容で、新規性がないので掲載できないと判断したのです。このとき、「このままだったら掲載できないが、このアイデアを使ったら、新しい粒子があることがわかるのだから、その一行を書き加えたらいいのではないか」と提案したそうです。ヒッグス博士はその一行を加えて無事、論文が掲載されたわけですが、そのレフリーの一言がなければ、ヒッグス博士の人生は変わっていたかもしれません。

実は、そのレフリーは南部陽一郎博士だったそうです。学術雑誌では誰がレフリーをしているのかは、ふつう公表していませんが、後日、ヒッグス博士自身がそのように書いているので、どうもまちがいないようです。南部博士が本当にそこまでいったのか、ヒッグス博士が気づいたのかまではわかりませんが。

自発的対称性の破れ

ヒッグス粒子は標準理論ではなくてはならないものです。ところで、なぜヒッグス博士はヒッグス粒子を考えるにいたったのでしょうか。この謎は、ヒッグス博士が解こうとした問題は何だったのかといいかえることができます。この問題を簡単にいうと、何で太陽は燃えているのかということになります。

太陽はたくさんの熱と光を放出しています。そのエネルギー源は核融合反応です。核融合反応によって太陽が燃えているとよくいわれていますが、ここではもう少し具体的に見ていきましょう。核融合反応の燃料となるものは陽子です。ＬＨＣで衝突させている陽子と同じもので、水素原子の原子核です。

太陽では四つの水素原子がくっついてヘリウム原子になります。このとき、くっつく前の四つの水素原子の重さと、できたヘリウムの重さを比べてみると、ヘリウムの方が軽くなっているのです。これもよく考えたらヘンな話です。

LHC実験では、二台の軽自動車をぶつけたら戦車が出てくるというヘンな話をしましたが、太陽で起こる核融合の場合は、四つの大福もちを合体させてみると、できた大きな大福もちの重さがもとの三つ分しかなかったという感じです。一つ分の重さがどこかに行ってしまったのです。

実は、これも少し前に登場した$E=mc^2$が関係しています。核融合によって消えてしまった重さは、エネルギーに変わっていたのです。$E=mc^2$では重さとエネルギーは変換することができるといっているわけなので、材料よりもできあがったものの方が軽いということは、軽くなった分がエネルギーになっているのです。そして、発生したエネルギーによって太陽が光り輝いているのです。実際、太陽は一秒間に四〇億キログラムずつ軽くなっています。その分が、エネルギーに変わり、熱や光の原動力になっています。ですから、文字通り、骨身を削って私たちにエネルギーを与えてくれているのです。

核融合によってつくられているのはエネルギーだけではありません。このとき、一緒にニュートリノもつくられています。ニュートリノが発生するのには、弱い力が影響しています。この力は一ナノメートルの、さらに一〇億分の一というとても短い距離しか届かない力ですが、これがあることによって核融合や核分裂が起こるので、実は私たちも日常的にお世話になっているのです。

この弱い力を詳しく調べていくと、基本的に電磁気力と同じ力であることがわかってきました。電磁気力は弱い力とは違い、ほぼ無限大というくらい遠くまで力が働きます。力の働く距離に違いができるのは、ウィークボソンと光子の重さに違いがあるからです。ウィークボソンはとても重いのですが、光子には重さがありません。このような違いがあるために、素粒子の世界ではこの二つの力をしっかりと区別しています。ところが、調べてみると弱い力も電磁気力ももともと同じものだったというのです。

この同じものという意味は、二つの力の間で対称性が保たれていたという意味です。宇宙がはじまった頃のようなエネルギーが高い状態では弱い力と電磁気力は同じものとして扱うことができたのです。これは見方を変えれば、それぞれの力を伝えるウィークボソンと光子が同じものとして扱えたということを意味しています。

それでは、なぜ、今はウィークボソンと光子の区別があって、弱い力と電磁気力が違う力として扱われているのでしょうか。簡単にいってしまえば、この二つの力の対称性が破られているからです。そして、この対称性の破れにヒッグス粒子が関係しているのです。宇宙がまだ生まれたばかりで熱いときには、ヒッグス粒子のエネルギーが高く、対称性をもっていたのですが、だんだんと冷めてきて、ヒッグス粒子のエネルギーが低くなると対称性が破られたと考えられています。

ヒッグス粒子で対称性が破られた結果、対称性を保って同じようにふるまっていたウィークボソンと光子にも変化が起こるわけです。そして、ウィークボソンと光子の間にも決定的な違いができ、弱い力と電磁気力はまったく違う力として取り扱われるようになりました。つまり、もともと同じものだった弱い力と電磁気力を区別するように働きかけているのがヒッグス粒子だったのです。

ヒッグス粒子にはエネルギーが低くなると自然に対称性が破られるしくみが組み込まれていると考えられています。南部陽一郎博士は、そのしくみのことを自発的対称性の破れと表現しました。ヒッグス粒子が起こした対称性の破れは、弱い力と電磁気力を区別するだけでなく、素粒子に重さを与える大切なしくみです。具体的にどういうことなのかを見ていきましょう。

ヒッグス粒子が冷えて宇宙に秩序が

宇宙がはじまったときはとても熱い状態だったのですが、急激に大きくなってだんだんと冷たくなっていきます。冷たくなると何が起きるのか、日常生活に置き換えて考えてみましょう。たとえば、やかんでお湯を沸かすと水蒸気がワーッと出てきます。これが熱い宇宙の状態だとします。

水蒸気は小さな水の分子がそれぞれバラバラの方向にビュンビュン飛んでいます。これをどんどん冷やしていくと、水蒸気は水に戻り、最終的に氷になります。水蒸気から水に変化しても、水分子そのものは変化しませんが、分子のもつエネルギーは少なくなってしまい、バラバラに飛び回る元気はなくなってしまいます。水分子はまわりの分子とゆるやかにつながって、移動する距離は一気に短くなります。それがさらに氷になってしまうと、水分子はさらに元気がなくなってしまい、きちんと整列して自由に動き回ることを止めてしまいます。これが氷の結晶をつくった状態です。

水の場合は、エネルギーが高くなって熱くなると水蒸気になり、それが冷えるに従って水、氷へと変化してきました。このような変化を相転移といいます。実はこれと同じようなことがヒッグス粒子にも起こります。宇宙がはじまったばかりの頃はまわりの温度も高かったので、ヒッグス粒子もエネルギーが高い状態で、水蒸気のようにそこら中をビュンビュンと飛び回っていました。この状態はどの粒子も同じ状態で区別なく好き勝手に飛び交っているので、対称性が保たれている状態といいます。

ところが宇宙が冷えてくると、水が氷になったようにヒッグス粒子がガチンと凍りついてしまいます。この状態になると、氷の場合は一つ一つの水の分子の席が決まって、結晶をつくりますが、個別の分子が区別されていて対称性が破られています。同じように、ヒッグス粒子が凍りついているときは、対称性が破られているので、その影響を受けて、弱い力と電磁気力が区別され

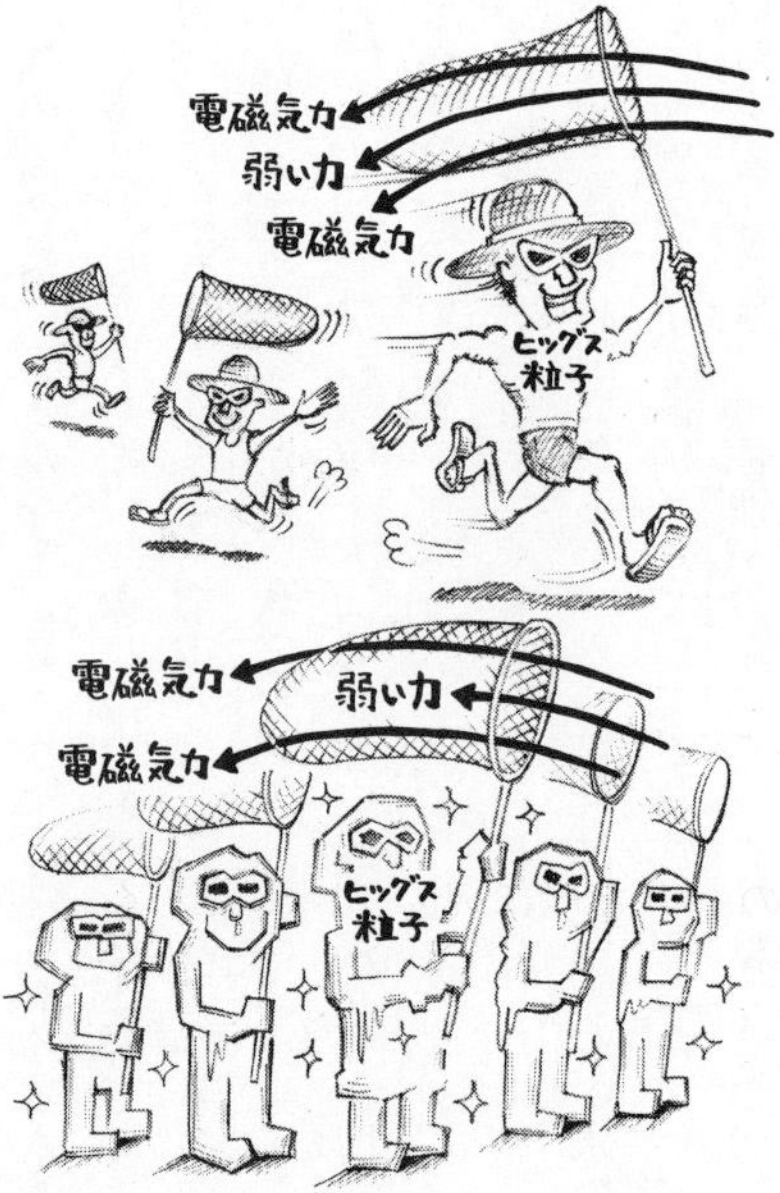

図6―9　質量が生まれるしくみ
宇宙誕生直後の非常に熱いときには、弱い力も電磁気力も区別はなく飛び回っているが、膨張が進み温度が下がるとヒッグス粒子は凍りつき、弱い力に反応してつかまえるようになる。

たり、素粒子が重さを感じるようになってしまいます（図6―9）。

水が氷になる相転移が起きるのは零度Cのときです。それに対して、ヒッグス粒子が凍りついて相転移が起きるのは四〇〇〇兆度です。宇宙が冷えて四〇〇〇兆度になると、ヒッグス粒子が凍りつくなんていう話は、ちょっと気の遠くなるようなことですね。けれども、とにかくこのぐらいの温度のときにヒッグス粒子が凍りつくことで、それまで熱くて無秩序だった宇宙に秩序が生まれるのです。

今の宇宙は明らかに四〇〇〇兆度より低いので、私たちは凍りついたヒッグス粒子の中で運動していることになります。ヒッグス粒子が凍りついていても、電磁気力や重力の邪魔はしません。電磁気力を伝えるときは光子が飛んでいますが、凍りついたヒッグス粒子は真空中にたくさん詰まっていても、電気をもっていませんので光子はヒッグス粒子に気づくことなく進み続けます。ですから、電磁気力は北極から来た磁気の力によって、手にもったコンパスのN極を北極の方に向けるというように、遠く離れた場所まで届きます。

ところが、弱い力の方は凍ったヒッグス粒子に気づいてしまいます。弱い力を伝えるのはウィークボソンです。ウィークボソンがいくら遠くに行こうと思っても、そのまわりには凍りついたヒッグス粒子がギューッと詰まっているので、動きを邪魔されてしまいます。そのため、ウィークボソンは遠くまで伝わることができなくなり、弱い力はとっても狭い範囲でしか働くことができないのです。電磁気力と弱い力はもともと対称的で同じような力だったのですが、ヒッグス粒子が凍りついたせいで、二つの力の対称性が破れてしまい、区別できるようになりました。

ヒッグス粒子の影響を受けるのはウィークボソンのような力の粒子だけではありません。私たちの体をつくっている電子やクォークなども影響を受けます。素粒子は基本的に光の速さで飛び回りたい存在です。本当はそうしたいのですが、真空の中にヒッグス粒子がギュッと詰まっているので、行く手を遮られてしまい、光の速さより遅くなってしまいます。遅くなるということは、動きにくくなっているわけですから、その分、重さを感じて重くなるというわけです。

つまり、私たちの知っているほとんどの素粒子は、凍りついた宇宙の空間の中で、たくさん詰まっているヒッグス粒子に邪魔されてしまうために、遠くに行けなくなっているのです。そして、動きにくくなっている分だけ、重さをもらったというふうに考えるようにしようということになっています。

ですが、ここで気になるのは、実際に理論的に考えている通りのことが起きているかどうかです。ただ、実際にこの通りのことが起きているとすると、ヒッグス粒子は私たちの存在を支えてくれていることになります。なぜなら、私たちの体をつくっているのは原子ですが、原子をつくっている素粒子が光速で飛びださないでいるのは、この宇宙に凍りついたヒッグス粒子がぎっしり詰まっているからです。

もし、この瞬間に、宇宙の温度がまた四〇〇〇兆度にまで上がって、凍りついていたヒッグス粒子がバラバラに飛び回るようになったらどうなるでしょうか。そうなると、素粒子は重さを感じなくなりますから、一瞬にして光速で四方八方に飛びだしてしまいます。ヒッグス粒子が飛び回ってしまえば、行く手を遮る邪魔者がいないわけですから、当然の結果です。そうなると、私たちの体は一〇億分の一秒というほんのわずかな時間でバラバラになり、消えてなくなってしまいます。

ヒッグス粒子が真空中にビッシリと詰まっているおかげで、原子はその場にとどまっているように秩序をつくってくれているわけですから、ヒッグス粒子はとても大切な存在だといえます。

そう考えると、神の粒子といわれるのも大げさではありません。この神の粒子がなかったら、私たちの体はもちろん、宇宙には地球も太陽も何もできずに、ただ素粒子がビュンビュンと永遠に飛び回っているだけだったことでしょう。そのヒッグス粒子が、二〇一二年七月にやっと見つかったので、この粒子が本当にそのようなことをやっているのかどうかを、これからちゃんと調べていく必要があります。

顔が見えないヒッグス粒子

ヒッグス粒子はとても重要な働きをしているのですが、私から見ると少し気味が悪い部分があります。そのようなちょっと気持ち悪い存在は、映画などではよく出てきますね。たとえば、『千と千尋の神隠し』に登場したカオナシ、『ハリー・ポッター』シリーズに出てきたディメンターなどは、本人の顔がわからないですよね。ヒッグス粒子も素粒子の世界ではのっぺらぼうで顔が見えないのです。

素粒子の顔はスピンというもので表されます。素粒子はどれもコマのようにクルクルと回り続けています。電子はスピンが二分の一、光子やウィークボソンは一というように粒子は、それぞれのペースでクルクルと回っています。このような粒子には、ちゃんと向きがあったり、ぶつけると反応したりと、性質がわかりやすいので、私は顔が見える粒子といっているのですが、ヒッグス粒子だけはこのスピンがありません。今までこういう粒子は見たことがなくて、いわば、初めて出会った新しいタイプの素粒子なのです。

ヒッグス粒子がのっぺらぼうであることは理屈ではわかる部分もあります。この粒子は真空の中にたくさん詰まっています。真空そのものといってもいいでしょう。真空というものに顔があったら困ります。そういう顔がないから、私たちが何もないと思ってしまい、たくさんの粒子が存在していることを意識しないですんでいるのかもしれません。そのような理屈はわかるのですが、他にこのような粒子はないので、どことなく気持ち悪い感覚がぬぐえません。

正直に告白しますが、私はこのヒッグス粒子が気味悪くていやだったのですね。それで、こんな粒子はなくてもいいのではないかと思い、ヒッグスレス理論を提案したこともあったのですが、今回、見つかってしまいました。これには「おみそれしました」と素直に頭を下げるしかないなと思っています。

新しい時代の幕開け――ヒッグス粒子の顔探し

ヒッグス粒子が見つかったことは、本当に新しい時代の幕開けだと思います。考えてみると、二〇世紀前半は、電磁気力を使ってどうやって原子ができているのかといったことがわかってきた時代でした。電磁気学を量子電磁気学として完成させたのが日本の朝永振一郎博士です。

その次に、原子の真ん中にある原子核の中身がわかってきました。これは湯川秀樹博士が提唱した中間子論に端を発していますが、最終的にクォーク同士をくっつけている強い力に行きつきました。これは一九三〇年代から八〇年代にかけての仕事で、全部で五〇年くらいの時間を要しています。

そして、現在、やっと弱い力がだんだんとわかってきています。弱い力は四つの力の中で作用する距離が一番短い力です。第1章でも触れたウロボロスのヘビのしっぽの方が、だんだんと明らかになってきているわけですね。この弱い力を明らかにするのもたぶん、五〇年くらいかかる仕事なので、すべてを明らかにするには、これからまだ二〇年ほど必要なのではないかと思っています。

こうして振り返ってみると、時代を動かすような大きな発見は一世紀に二回ぐらいしかありません。ですから、ヒッグス粒子の発見を世紀の大発見というのは、大げさでも何でもないのです。ところが、大発見をして、新しい時代が幕を開けたかと思ったら、見つかったのはカオナシの粒子でした。ですから、これは何とか顔を見たいと思ってしまいます。ヒッグス粒子の正体を突き止めていきたいところです。

よく調べたら、もともと探していた粒子とは性質が違っているかもしれませんし、もしかしたら『ハリー・ポッター』のディメンターのように、たくさんいるかもしれません。ヒッグス粒子は、今まで見たことがないような粒子ですし、担っている役割も大きいので、もしかしたら新しいグループの最初の一人という可能性もあります。そういう意味も込めて、新しい時代の幕開けだと思っています。

ここで、ヒッグス粒子の正体について、私が今、考えていることを少しお話ししましょう。ヒッグス粒子がカオナシのようだという話を今までしてきましたが、実はヒッグス粒子の顔は異次元を向いているのではないかということを真剣に考えています（図6—10）。

図6—10　いまだ正体不明のヒッグス粒子　ヒッグス粒子の顔が見えなくて正体不明なのは、顔が異次元の方向に向いているからかもしれない。

私たちが暮らしているこの空間は、上下、左右、前後と三つの方向に動くことができるので、三次元空間であるといえます。あと、私たちは自由に行き来することができませんが、時間も空間と同じように一つの次元なので、あわせて四次元時空といいます。ところが、物理学の中ではこの宇宙は一〇次元でできているのではないかということがまじめに議論されています。でも、この話はちょっとつじつまが合いませんよね。私たちが感じることができる次元は四つだけです。

宇宙が本当に一〇次元でできているのなら、残りの六つの次元はどこに行ってしまったのでしょうか。

それを解決する手段として考えられたのが、四次元以外の六つの次元がとても小さく折りたたまれているから見えないという理論でした。これは本当に都合がいいように聞こえますが、サーカスの綱渡りを例にして考えてみるとわかりやすいと思います。

綱渡りは細いロープの上を歩きますので、ロープの上に立っている人から見れば、進む方向は前か後ろしかありません。つまり、綱渡りをしている人にとってロープの上は一次元なのです。今、このロープの上に、アリがやってきたとしたらどうでしょう。アリは体がとても小さいので、前後の他に、ロープの円周方向にも動くことができます。つまり、小さなアリにとってはロープの上は二次元に見えるのです（図６―11）。

素粒子もとても小さなものなので、素粒子には感じることができて、体の大きい私たちには感じることのできない次元があってもおかしくはありません。ヒッグス粒子は四次元の世界ではクルクルと回っていないように見えるかもしれませんが、それ以外の異次元の世界では、もしかしたら回っているかもしれません。ヒッグス粒子は異次元の方向でクルクルと回っていても、体の大きな人間からすればその方向は見えないので回っていることには気がつきません。もしかしたら、ヒッグス粒子は、人類が発見した異次元を運動する粒子の第一号なのかもしれないのです。

そう考えると、カオナシのように見えるのもなんとなく腑に落ちてきます。今お話ししたことは、ほんの一例ですが、このようにして何とかヒッグス粒子の顔を見ようと、たくさんの物理学者がいろいろと考えています。

図6—11　次元　体が大きな人間にとっては一次元の世界であるロープの上も、アリから見れば二次元の世界になる。

統一の時代

ヒッグス粒子発見のニュースはたくさんのメディアで報道されました。そのような報道でよく見られたのが、一七番目の粒子という紹介でした。ですが、第5章でも述べたように、実は素粒子は既にレプトンとボソンが一二種類ずつ見つかっています。クォークの場合は、同じ粒子でも強い力によって三つのカラー荷をもつことがわかっていますから、それだけで種類が増えてしまいます。しかも、それぞれの粒子の反粒子を含め、右巻き、左巻きの違いまで考えると、素粒子の種類は一気に一〇〇種類近くなってしまいます。そうなると、「素」粒子というには数が多すぎる感じもします。そこに新しくヒッグス粒子が加わるわけですから、物理学者の中にも「これはいったいどうなっているんだ」と思う人がたくさんいます。

これと同じようなことが元素でも起きていました。元素は周期表を見てもらうとわかりますが、人工的につくられた元素も含めて、一一八種類見つかっています。これもたくさんの種類があるように見えますが、よくよく調べてみると、これらの元素はすべて電子、陽子、中性子の三つの粒子によってつくられていたのです。陽子と中性子はもっと細かく分けることができますが、どちらもアップクォークとダウンクォークの組み合わせです。つまり、現在知られている素粒子で話をしても、一〇〇種類余りの元素は、すべて電子、アップクォーク、ダウンクォークの三種類の素粒子でできているのです。

ですから、素粒子も、今はたくさん見つかっているように感じますが、その奥に何か統一的に表現できる方法があるのではないかと考えています。歴史的に見ても、そういう方向に進んでいるように思います。

ニュートンの時代には、惑星の運動とリンゴなどの地上でのものの運動が統一されました。その後、マクスウェルによって電気と磁気が統一され、アインシュタインの相対性理論によって時間と空間が統一されてきました。

その後、電磁気力と弱い力が統一され電弱力としてくくられました。現在は、強い力も統一の射程に入ってきて、大統一理論を確立しようと研究が進められています。実際、電磁気力、弱い力、強い力の三つの力は、エネルギーを高くしていくと統一する兆しは見えています。ただ、三つの力を統一するためには、現在見つかっているそれぞれの素粒子に、超対称性という新しい対称性を付け加える必要があります。そうすると、今、考えられている素粒子と反粒子のペアの他に、それぞれの粒子と対になる新しい超対称性粒子が加えられ、素粒子の数はますます増えることになってしまいます。それでも、大統一理論の先には三つの力に重力をあわせて、四つの力を統一する超大統一理論が考えられています。四つの力を統一する理論として最有力候補にあがっているのが超ひも理論です（図6―12）。

今は、このように考えているのですが、実際のところどうなっているのかは実験してみないとわかりません。そのために、新しい実験装置の建設が計画されています。これは国際リニアコライダー計画（ＩＬＣ）とよばれており、ＬＨＣの後継機として、世界中の物理学者が建設を待望しています。まだ、どこに建設するのか決まっていないのですが、日本では福岡県と佐賀県にまたがる脊振山系と岩手県の北上山地が建設の候補地にあがっています。

ＬＨＣが一周二七キロメートルの円形の加速器だったのに対して、ＩＬＣは全長三〇キロメートルの直線状の加速器です。この加速器では電子と陽電子を加速させぶつけようと計画しています。ＬＨＣで発見したヒッグス粒子をさらに詳しく調べたり、暗黒物質や暗黒エネルギーの正体をさらに探っていけると期待されています。ＩＬＣがつくられて、さらに新しい発見があれば、

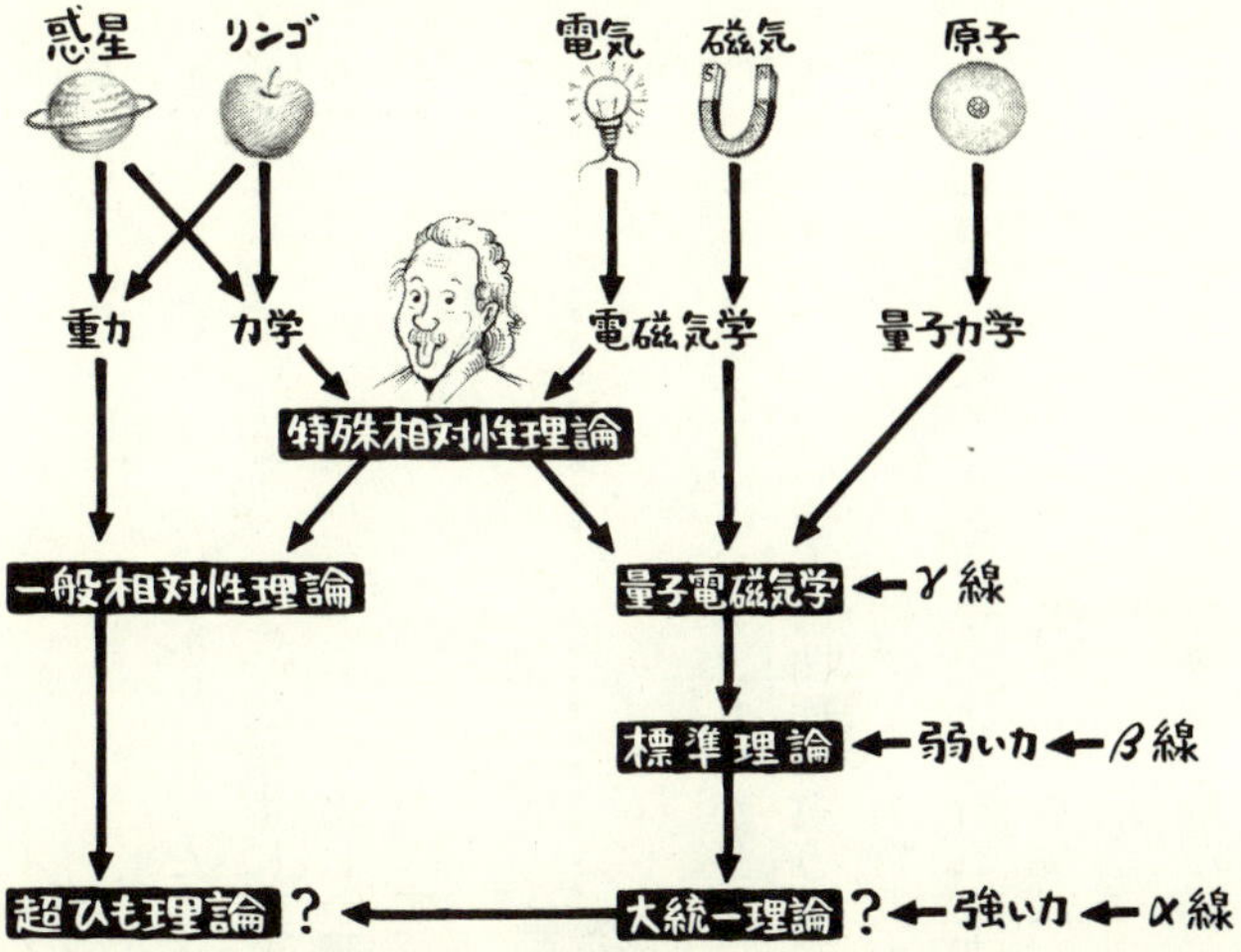

図6―12　統一の歴史　物理学者たちは長い時間をかけて力を統一してきた。

超大統一理論という途方もないように思える理論の完成が近づいてくることでしょう。そして、そのような理論がつくられることで、ウロボロスのへビのしっぽの先の方までわかってくるのではないかと思います。

話をまとめますと、ヒッグス粒子はカオナシのような粒子ですから、一種類だけではなく、同じような仲間の粒子がいるはずだと考えています。ヒッグス粒子に仲間がいるという理論は、大きく分けて二種類あります。一つは異次元があるという理論です。もう一つが超対称性の理論です。どちらの場合にしても、今まで知られている素粒子の他に、まだ見つかっていない素粒子があるはずだと予言されています。今回見つかったのはヒッグス粒子の最初の例で、同じくらいのエネルギーのところでヒッグス粒子の仲間が見つかるのではないかと期待しています。

ＬＨＣは二〇一二年の実験が終わったら、ハードウェアを増強してエネルギーを倍近くに上げる計画になっています。二〇一二年中に新しい発見があればとてもうれしいですが、数年の間にヒッグス粒子の仲間が見つかって、新しい理論のヒントをつかむことができればいいなと思っています。

質疑応答

質問：ヒッグス粒子が集まるとものが動きにくくなるというのは、慣性質量というイメージだと思うのですが、重力質量との関係はどうなっているのですか。

村山：これはすごくいい質問で、この質問の趣旨は、素粒子が動きにくくなることで重くなるということは何となくイメージできるけれど、重くなったものは重力も強く働かなければいけないわけです。その重力が働くことについては、ヒッグス粒子でどのように説明することができるのかということです。

実は、アインシュタインの理論を使うと、重力が働くものというのは、そこにある重さというよりも、エネルギーに対して働くものだというふうに解釈することができます。それを表現しているのが、有名な$E=mc^2$の式です。これはエネルギーと質量は同じものですよといっているわけです。

つまり、エネルギーがあれば、重力が働くことになります。ですから、素粒子のまわりにヒッグス粒子がまとわりついて動きにくくなっていると、全体としてのエネルギーは大きくなりますから、そのエネルギーに重力が働くことになるので、やっぱり慣性質量と同じように重力も必要となってきます。というわけで、重力も強く働いているという答えがちゃんと出てくるようになっています。

質問：ヒッグス粒子のエネルギーが一二六GeVと聞いたのですが、このGeVというのはどういう意味ですか。

村山：GeVというのは、ギガ電子ボルトというエネルギーの単位です。素粒子の世界では、とっても小さなものを扱うので、一つ一つの粒子のエネルギーはそんなに大きなものではありません。

ギガというのは一〇億倍を表す言葉なので、問題は電子ボルトとは何かということになります。乾電池はふつう、一個で一・五ボルトの電圧がかけられます。電池に導線などをつけて回路をつくれば、導線の中を電子が動いて電流が流れます。今、導線をつながずに、真空中に電子を飛ばすとします。このとき、乾電池で電子を加速してあげると電子は一・五電子ボルトのエネルギーをもらったことになります。

ちなみに一ギガ電子ボルトは一〇億電子ボルトになるので、乾電池七億本ぐらいのエネルギーです。今回の観測ではヒッグス粒子はエネルギーが一二六GeVのところに現れました。それだけ大きなエネルギーを与えないと観測できないので、LHCのような巨大な装置が必要なことが少しわかっていただけたかなと思います。

質問：アトラス実験などでは世界中のコンピュータをつなげて計算したというお話でしたが、故障したときのバックアップなどはどのように取っているのですか。組織的にやっているのか、個人の責任でやっているのかを知りたいです。

村山：データのバックアップは組織的にやっています。実験によって得られたデータは、携わった三〇〇〇人のグループの共通の財産になりますので、グループとしてちゃんとバックアップして、絶対なくすことがないようにしています。

CERNの中にももちろん大きなコンピュータシステムがあって、そこの巨大な記録装置に保存されています。この実験で記録したデータは今までで数十ペタバイト（一ペタは10^{15}で、iPo d一〇〇万個分）ぐらいあって、それを全部確認していかないといけないので、本当に膨大な作業になります。

質問：ヒッグス粒子と重力子との間には、何か関係はあるのですか。

村山：重力子はそこにどれだけエネルギーがあるのかで働きが決まります。ですから、重力の方からしてみると、重さがヒッグス粒子からきたのか、運動からきたのか、位置エネルギーからきたのかは関係ありません。とにかく、エネルギーさえあれば、そこに重力が働くわけです。ということは、ヒッグス粒子がつくった重さであっても、もともとその粒子がもっていた別の重さであっても、運動からきているようなエネルギーであっても、重力の方は同じように働きます。それがアインシュタインの導きだした等価原理です。つまり、ある意味で重力は細かいことは気にしないで、エネルギーさえあれば働くようになっているので、ヒッグス粒子でできた質量でもちゃんと働きます。

第7章　宇宙になぜ我々が存在するのか

宇宙は膨らんでいる

この宇宙に私たちが存在する理由を探っていくと、宇宙のはじまりに行きつきます。宇宙が誕生したのは今から約一三七億年前と、今の私たちからはかけ離れているように感じるほど大昔ですが、その頃に生まれたニュートリノやヒッグス粒子などの働きによって、この宇宙の姿が決まってきたといっても過言ではありません。では、なぜ、これらの粒子が、私たちの存在にまで関わるような働きをしているのでしょうか。その謎を解き明かすためには、宇宙がどのようにはじまったのかを知る必要があります。

宇宙のはじまりといえば、ビッグバン理論が有名ですが、現在はビッグバンよりも前にインフレーションという現象があったと考えられています。これは日本の佐藤勝彦博士とアメリカのアラン・グース博士が提唱したインフレーション理論によるものです。インフレーション理論によれば、生まれたばかりの宇宙は、原子よりもはるかに小さなものでした。そこから一秒もしないうちに、数ミリメートルほどの大きさに広がるインフレーションを起こし、宇宙は一気に大きくなりました。その後、大爆発のビッグバンが発生して、現在の宇宙の姿になっていきます。

では、なぜ、インフレーション理論が考えられたのでしょうか。この話は、そもそも宇宙は本当に小さかったのかというところから考えていかなければいけません。宇宙が膨張していると考えられるようになったのは一九二〇年代末のことです。それまでは宇宙は膨らみもしなければ縮みもしない、永遠に何も変わらないものだと考えられていました。だから、宇宙のはじまりなどということは考えられもしませんでした。永遠に何も変わらないということは、はじまりも終わりもないからです。

ところが、一九二九年にアメリカのエドウィン・ハッブルが、宇宙は膨張しているという論文を発表して、それまでの常識が一変してしまいました。ハッブルは銀河をたくさん観測したところ、銀河からくる光の波長が伸びていたことに気がつきました。しかも、遠くにある銀河の光ほど波長の伸びが大きかったのです。

救急車はサイレンを鳴らしながら走っていますね。救急車が近づいてくるときはサイレンの音が、もとの音よりも高く聞こえますが、すれ違って離れていくと音が低くなってしまいます。これをドップラー効果といいます。同じ音なのにどうしてそのようなことが起こるのでしょうか。その秘密は音源までの距離にあります。救急車が近づくときは、止まっているときよりも距離が短くなるので、その分、音の波長が短くなり、音が高く聞こえます。逆に、離れていくときは遠くなるので波長が長くなり、低い音に聞こえるのです。

光でも音と同じようなことが起きるので、遠ざかる銀河からやってくる光は波長が伸びて赤っぽく見えるのです。ハッブル博士は、銀河からやってきた光を七つの色に分けるスペクトルにし

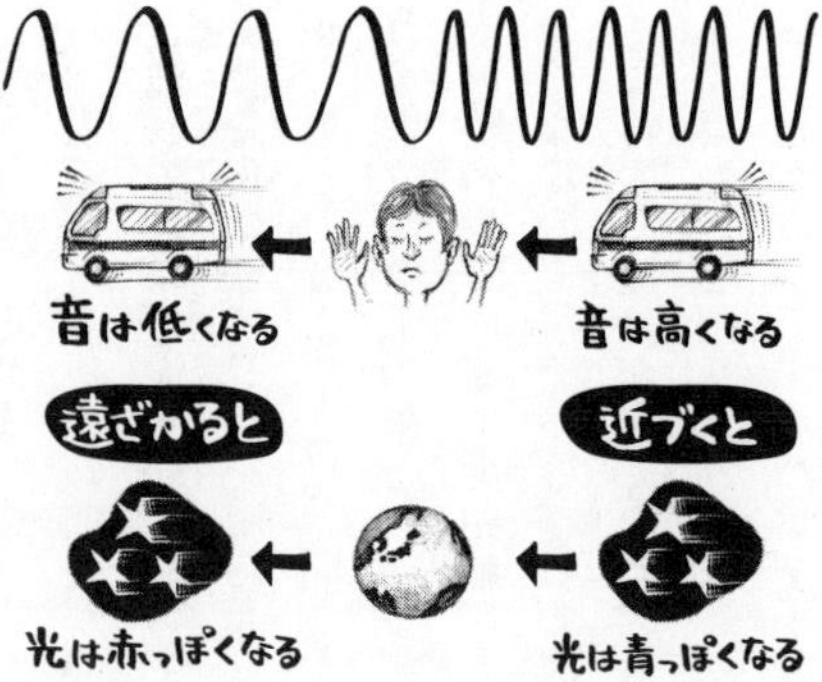

図7—1　ドップラー効果　近づくものから発せられる音は高く聞こえ、遠ざかるものから出る音は低くなる。同じように、光の場合は、近づくときは青っぽくなるが、遠ざかるときは赤っぽくなる。

たときに、遠くにある銀河ほど光が赤っぽくなっていることに気がつきました。遠くにある銀河ほど速く遠ざかるということが、この宇宙が膨らんでいることを示していたのです（図7—1）。

ビッグバンの証拠

宇宙が膨張しているという事実が明らかになったことで、永遠に変化しない宇宙という考え方はまちがっていたことになりました。宇宙は時間がたつごとに変化していたのです。しかも、膨張しているということは、時間を巻き戻していくと宇宙はどんどん小さくなることを意味しています。このことは、誕生したばかりの頃まで戻っていくと、宇宙はとても小さな点にまでなってしまうことを意味していました。

よく一つのことがわかるといくつも謎が増えるといいますが、宇宙の研究もそういう側面があります。時間を巻き戻すと宇宙が小さな点になるということがわかってきたら、今度は、「じゃあ、どうして点のように小さな宇宙が大きくなるようになったのだろう」という疑問が浮かび上がるようになったのです。そこで考えられたのがビッグバン理論です。これは一九四八年にロシア生まれの物理学者ジョージ・ガモフが提唱したもので、「宇宙は超高温・超高密度の火の玉の状態で生まれた」という理論でした。宇宙のはじまりは、ものすごく小さくて熱い火の玉だったので、大きな爆発を起こして膨張するようになったというわけです。

それにしても、なぜガモフは宇宙のはじまりが火の玉だったといったのでしょうか。自転車のタイヤに空気入れで一生懸命空気を押しこんであげると、空気を入れた直後のタイヤは少し温かく感じます。それは空気が圧縮されて温度が高くなったからです。同じように、膨張している宇宙の時間を巻き戻して、小さくしてあげるとどんどん温度が高くなるだろうと考えたのです。

このビッグバン理論はあまりにも斬新だったために、発表した当時はデタラメだとたくさんの批判を浴びました。実はビッグバンという名前自体も、批判的な物理学者から大ボラな理論という意味を込めてつけられた名前だったようです。ところが、ガモフはその名前が気に入って、ビッグバン理論という名前を積極的に使ったそうです。ガモフは、宇宙のはじまりは火の玉だといっただけではなく、観測によってその証拠を捕まえようとしました。

もし、宇宙が小さなときに火の玉になっていたのなら、その当時は光で満ちていたはずだから、その名残りがあるはずだと考えました。火の玉だったときはエネルギーが高く、波長が短い光が出ていたのですが、宇宙が膨張したために、その光の波長は引き伸ばされているものの観測できるはずなのです。ガモフは火の玉宇宙の名残りはマイクロ波の電波として観測できると予言しました。ガモフの予言したマイクロ波は宇宙背景放射と名づけられ、たくさんの物理学者が探索に乗り出しました。

そして、一九六四年、ついにガモフの予言した宇宙背景放射が発見されました。発見したのはアメリカのベル電話研究所（現在のベル研究所）に勤めていたアーノ・ペンジアスとロバート・W・ウィルソンの二人です。ところが、おもしろいことに、この二人ははじめから宇宙背景放射をとらえようと思っていたわけではなかったのです。

彼らは衛星通信に利用するための高感度アンテナの研究をしていたのですが、そのときに正体不明の雑音をキャッチしてしまいました。通信にとって雑音は大敵です。何とか減らそうとしたのですが、なかなか減りません。しかも、おかしなことにアンテナをどの方向に向けてもその雑音は同じように聞こえていたのです。

検討した結果、考えられる可能性は二つありました。一つはアンテナ内部の異常です。そこでアンテナの中を調べてみたら、何とハトが巣をつくっていて、フンがあちこちに落ちていたそうです。早速、二人はハトの巣やフンを掃除して、問題は解決したと思ったのですが、雑音はなくなりませんでした。

そうなると、残る可能性は二つ目です。これは宇宙全体から電波が届いているというもので

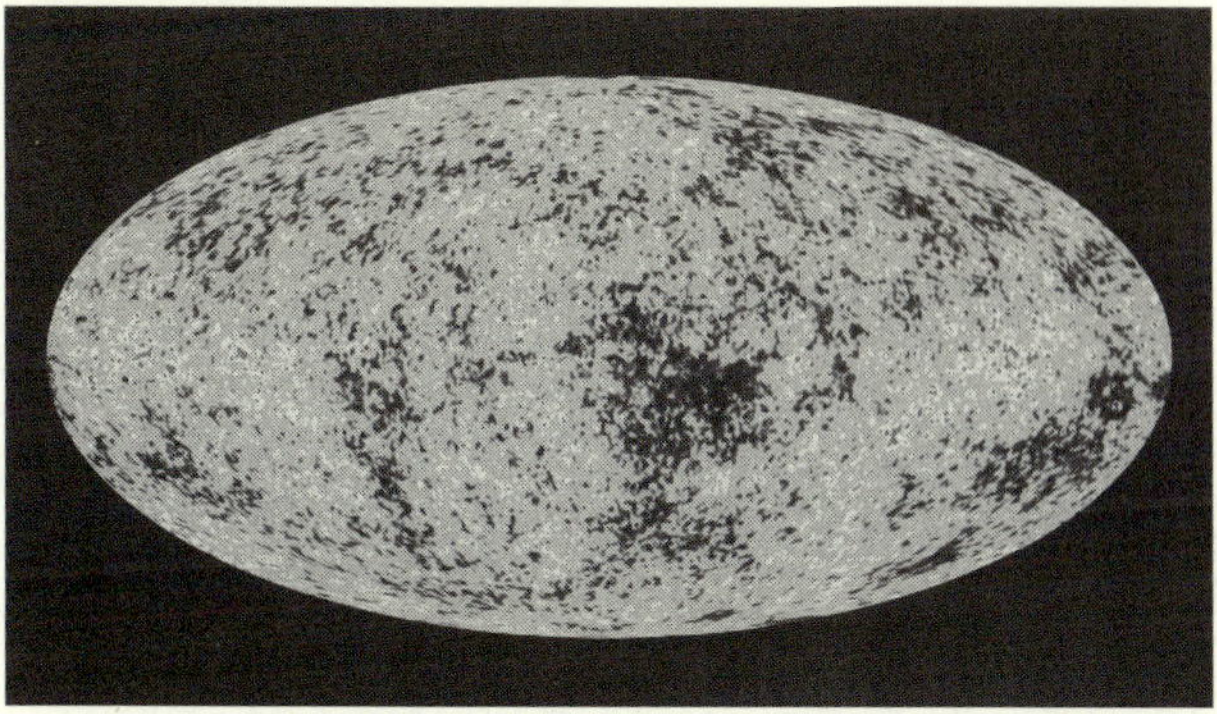

図７―２　背景放射　2003年にWMAPが観測した宇宙背景放射。宇宙の温度はほぼ均一で、10万分の1程度しかムラはなかった。（NASA）

す。調べてみると、その雑音はガモフが予言した宇宙背景放射だったのです。宇宙背景放射は、プリンストン大学の宇宙物理学者のディッケ博士たちも探そうとしていたのですが、一企業の技術者が先に見つけてしまったのです。

この発見の後も、二人が観測したマイクロ波は本当に宇宙背景放射なのかという議論が続きましたが、一九七〇年代に入ると、本当にビッグバンの名残りである宇宙背景放射であると認められるようになり、一九七八年にはペンジアスとウィルソンにノーベル物理学賞が贈られました。宇宙背景放射を予言したガモフはその一〇年前に亡くなってしまったので、残念ながらノーベル賞を贈られなかったのですが、生きていればまちがいなく二人と同時に受賞していたでしょう。

ところで、ビッグバンの残り火である宇宙背景放射は、どの方向からも同じように観測することができます(図7―2)。しかも、これは温度を測ることができ、マイナス二七〇・三度C(二・七K)くらいになっています。今の宇宙は、大きく広がっていますが、どの方向からくる電波もほとんど同じ温度です。これはよく考えると不思議なことです。宇宙誕生とともにビッグバンが起こったならば、急激な変化によってところどころ欠陥ができたり、不均一になったりしてもおかしくないのですが、どの方角も同じようにほぼ均一な状態になっています。宇宙背景放射のマイクロ波は一三七億年も前に分かれたものですが、どこにあるものもほぼ同じ温度になっているのは、とても不思議なことです。

たとえば、大航海時代に地球を旅している船乗りが、南海の孤島を見つけたとします。船乗りはその島に上陸し、そこに住んでいる人たちと話をしました。そして、再び船に乗り込み旅を続け、ちょうど地球の反対側にきたときに別の孤島を発見しました。その島の人たちと話をしたときに、前に上陸した島の人たちとまったく同じ言葉を話していたとしたらどうでしょう。地球の反対側にある二つの孤島でまったく同じ言葉が話されているなんて、ふつうはあり得ないですよね。でも、そういう事態に遭遇したら、その人が文化人類学者でなくても、「この人たちは、昔、同じところに暮らし、一緒に話をしていたはずだ」という理論を思いつくはずです(図7―3)。

図7―3　ビッグバンの証拠　宇宙背景放射がほぼ均一であるということは、過去に何らかの交流があったはずである。

宇宙もまさに同じような状態で、ちょうど反対側にあるような二つの場所は宇宙が誕生した直後に離れ離れになってしまったために、一度も交流がないので別々の状態になっているだろうと思われていたのですが、どこを取っても同じような状態なので、実は宇宙の最初の頃に交流があったのではないかと考えられるようになったのです。そのような考え方で登場したのがインフレーション理論です。

インフレーション理論は、実は宇宙が誕生したのはビッグバンが起こるちょっと前だったというものです。誕生したばかりの宇宙は原子よりもはるかに小さなものだったのですが、ビッグバンの起こるほんの少し前に、三ミリメートルぐらいまで急激に大きくなったと考えられています。ほんの一瞬の間に考えられないほど大きく伸ばされたために、宇宙はデコボコのない、ほとんど均一な状態になったというわけです（図7―4）。

たとえていうなら、生まれたばかりの小さな宇宙は洗濯

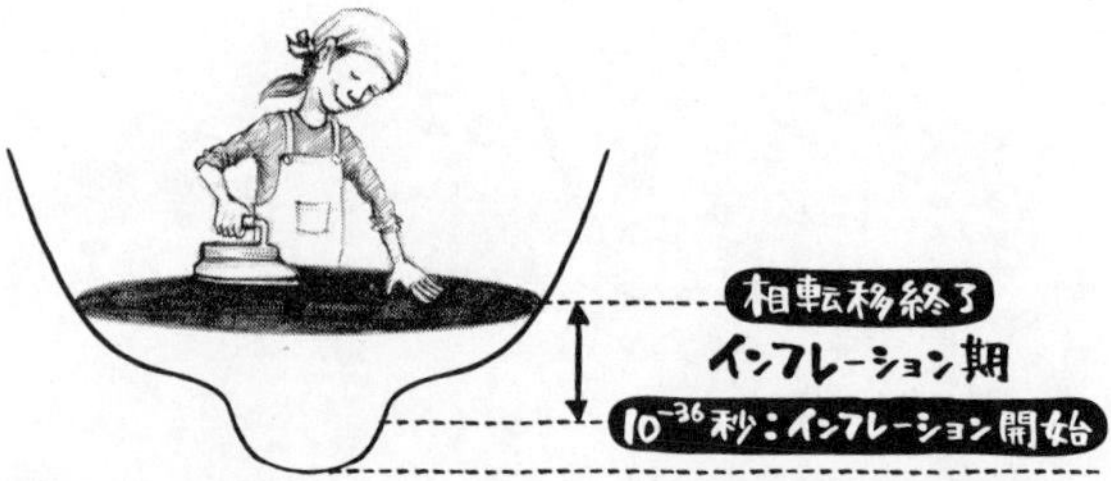

図7—4　宇宙のしわ　インフレーションで宇宙が急速に膨らむときに、よけいなしわがどんどん伸ばされていった。

機から出したばかりのくしゃくしゃな状態でした。ところが、インフレーションが起こったことで一気にアイロンをかけたように引き伸ばされて、エネルギーが平らで均一な状態になりながら、大きくなっていったのです。しわがとれて全体が平らな状態になったところでビッグバンが起きたから、現在の宇宙もほぼ均一な状態になっているのです。ビッグバンの残り火である宇宙背景放射がほとんどデコボコのない状態だった理由も、インフレーションが起こったと考えると説明がつきます。

素粒子の揺らぎのしわ

実は、最近、このインフレーションを起こす重要な役割をニュートリノが担っているかもしれないという話が出ています。第4章でニュートリノは他の粒子と比べてものすごく軽いという話をしたときに、シーソー模型でその理由を考えていきました。その中で、まだ見つかっていないけれども、とても重い右巻きのニュートリノがあるはずだと話しました。もし、そのとても重いニュートリノが実在して、しかも、そのパートナーとなる超対称性粒子もあるとすれば、宇宙を膨らませるインフレーションを起こせるようになります。

この最初のインフレーションを重いニュートリノの超対称性粒子が起こしていたかもしれないのです。宇宙の初期はどの粒子もエネルギーが高い状態で存在しています。重いニュートリノの超対称性粒子も当然、エネルギーが高い状態になっています。この状態はしばらく維持されていたのですが、何かのきっかけで高い状態から低い状態に向かっていったのではないかと考えられているのです（図7―5）。

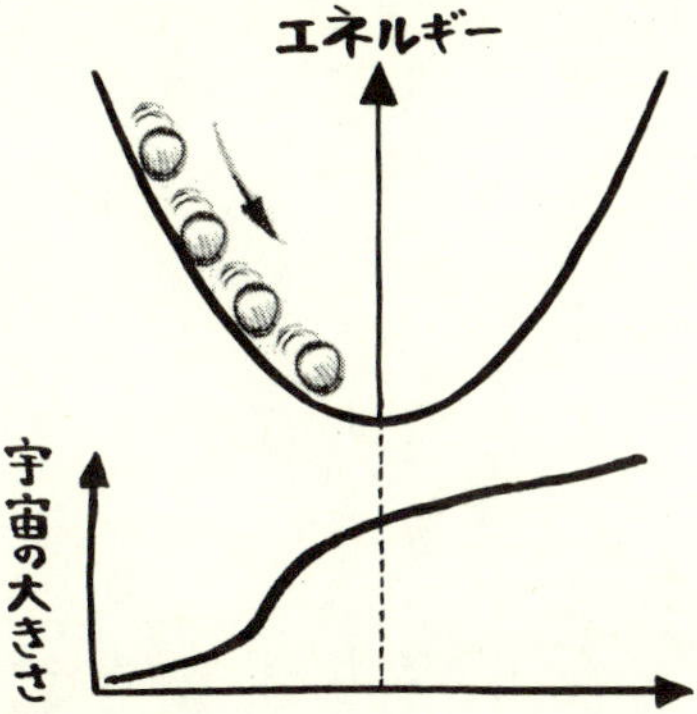

図7―5　インフレーションとシーソー　インフレーションの原動力となったのは右巻きニュートリノの超対称性パートナーかもしれない。

エネルギーが高い粒子は、ちょうど坂の上に立っているような感じで不安定なので、きっかけがあればエネルギーが低い安定な状態へと転がり落ちていきます。しかも、重い粒子の場合、この坂道を一気に転がり落ちます。このときに解放されたエネルギーが宇宙を一気に押し広げ、どんどん宇宙を大きくしていくインフレーションを起こしたのではないかということが計算上わかってきました。このインフレーションで、宇宙は一億の一億倍の一億倍の一億倍の一億倍の一億倍と、とてつもなく大きくなっていったのです。

そして、インフレーションが終わった後にビッグバンが起こり、今度はゆっくりと膨張しはじめ、現在にいたっているわけです。ただ、インフレーションであまりにも平坦になりすぎてしまうと、今度は別の問題が生まれてしまいます。適度にエネルギーのしわのようなものがないと、どこもまったく条件が同じになってしまいますので、どこにものが集まっていいかわからなくなってしまい、星や銀河ができなくなります。

それでは、どうやってしわをつくるのでしょうか。実は、インフレーションはしわを伸ばすだけではなく、つくる役割もするのです。一生懸命アイロンをかけたそばから、自然にしわができてくるのです。そんな都合のいいことがあるわけないという声も聞こえてきそうですが、宇宙のはじめにはそれができるのです。その頃の宇宙は原子よりも小さかったわけですから、素粒子が大活躍しています。素粒子は狭いところに閉じ込められると揺らぐ性質をもっています。原子よりも小さな宇宙では、インフレーションでしわを伸ばしたとしても、素粒子が狭いところに閉じ込められた効果が働いて揺らぎが出ます。そして、素粒子が揺らぐと、その影響でしわができるのです。

では、なぜ素粒子は狭いところに閉じ込められると揺らぐのでしょうか。素粒子の世界では不確定性関係という少しヘンなルールがあります。私たちは学校の理科の時間にエネルギー保存の法則というものを習いました。でも、素粒子が主役となるミクロの世界では、エネルギー保存の法則をちょっと破ってもいいといっているのです。

たとえば、いつもどおり会社にやってきたのですが、家に財布を忘れてしまったとします。お昼休みになってご飯を食べに行きたくなっても、手元に現金がないので食べに行けません。これは困ったと、あたりを見回してみると、隣の机の上に金庫があります。そこから、お金を少し借りて、やっとお昼ご飯を食べに行くことができました。そして、後日お金を返せば一件落着となります。私たちの世界では少額でも会社のお金を無断で借りるのはルール違反ですが、素粒子の世界ではそういうことをやっても、ちゃんと返せば問題ありません。でも、たくさん借りると目立つので、すぐ返さないといけなくなります。そのようなエネルギーの貸し借りをしていいという決まりが不確定性関係です。

宇宙がすごく小さいときは、このような不確定性関係での貸し借りがいたるところでおこなわれていました。貸し借りがおこなわれると、借りた部分はエネルギーがちょっと多くなり、貸したところは少なくなりますので、少しエネルギーにムラができます。しばらくすると借りた分はちゃんと返さないといけなくなるので、また平坦な宇宙に戻ると思います。ところが、ちょっと借りた瞬間にインフレーションで一気に大きくなってしまいますと、貸し借りした相手同士が遠

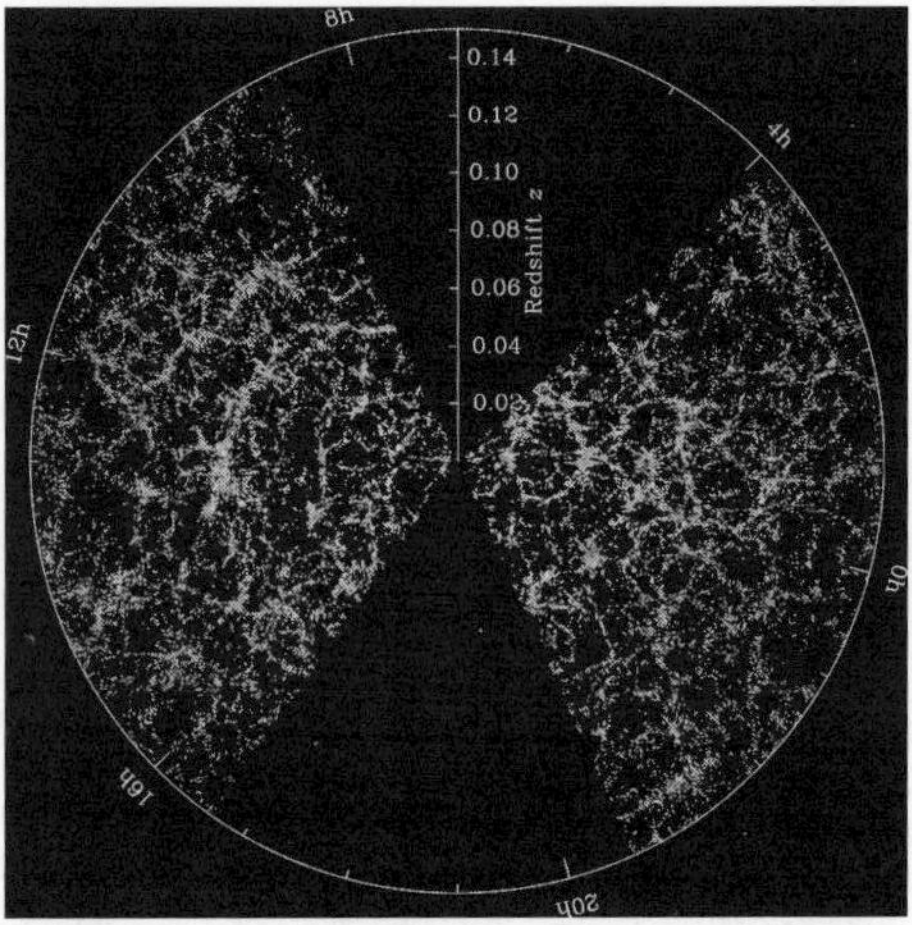

図7—6　大規模構造　10万分の1の小さなエネルギーのしわによって、チリやガスが集まりやすいところとそうでないところができ、宇宙の大規模構造へと成長していった。(SDSS)

く離れてしまいますので、借りた分を返すことができなくなってしまいます。こうしてエネルギーの貸し借りが解消されなかった部分がしわとして残ってしまうのです（図7—6）。ただ、先ほどもいいましたが、このしわが残ってくれたおかげで、物質が集まるようになり、星や銀河が誕生するようになったのです。このように考えていくと、宇宙の成り立ちがちゃんと説明できるようになります。

宇宙のはじまりに迫る

理論的には宇宙のはじまりがだんだんとわかってきたのですが、次の課題は、この理論が本当かどうかを調べることです。宇宙は遠くを見れば、時間を遡ることができますので、一三七億光年先を見ることができれば、宇宙のはじまりも見えるはずなのですが、実は今の技術で誕生したばかりの宇宙を見ることはできないのです。

宇宙は確かに一三七億年前に生まれて、ビッグバンを起こしました。ですが、ビッグバンの頃の宇宙はあまりにも熱くて物質やエネルギーが一ヵ所に集まりすぎていたので、光がまっすぐに進めずに閉じ込められていた時代が続きました。ようやく光がまっすぐ進めるようになったのは宇宙が誕生してから三八万年後のことです。つまり、光で見ることができるのはどんなにがんばっても、誕生してから三八万年後の宇宙までなのです。

それよりも前に起きたことを知ろうと思うと光以外の方法を考える必要があります。ただ、まったくわかっていないかというとそうではありません。これまでの観測をもとに、理論がつくられているので、その理論をもとに計算をすることができます。その計算結果から導きだされる宇宙のはじまりは次のようになります。

まず、クォークよりも小さな宇宙が誕生し、重いニュートリノの超対称性パートナーのエネルギーによってインフレーションが起き、急激に広がっていきます。そして、インフレーションが終わると、ビッグバンが発生し、力が四つに分かれ、たくさんの物質と反物質が生まれてきます。ただ、このままでは、物質と反物質が一対一で消滅して何もなくなってしまうので、何かのきっかけで物質と反物質に違いができ、物質だけが残るようになったのです。

宇宙のはじまりの時期は、まだ理論的に考えられているだけで、実際に観測はされていません。宇宙をもう一度つくり直すわけにはいかないので、実験的に確かめるのはとても難しいことです。

それでも何とか知りたいと、物理学者であれば当然思うわけで、そのために見る方法をいろいろ考えています。現在、考えられている手段は三つあります。一つ目はこの本の中でも何度か話が出てきたように、加速器を使って宇宙が誕生したときと同じ状態をつくる方法です。二つ目は、宇宙誕生直後にできたニュートリノを観測する方法。三つ目が重力波を探すというものです。

重力波というのは、インフレーションのような大きな変化が起こるときに、時間と空間にできる重力のさざ波のようなものです。現在の宇宙論によると、インフレーションのときに発生した重力波が今でもわずかに残っているそうです。さざ波のような重力波による振動をとらえることができればインフレーションをしているときの宇宙が見えるかもしれません。その重力波をとらえるために何をしているのかといえば、やっぱり望遠鏡をつくって宇宙の彼方からやってくるビッグバンのときの光を見るわけです。

理論から考えると、インフレーションのときに重力波が発生すると空間自身が揺れますので、その後の空間も揺れが続いているわけです。その後にビッグバンが起きたときも空間が揺れているので、ビッグバンで発生した光はその影響を受けてやはり少し揺れているはずです。その重力波による揺れの影響で、ビッグバンからきた光の振動の仕方がちょっと変わるだろうといわれているのです。ビッグバンのときの光が重力波によって揺れる効果は本当にちょっとしたものですが、細かく測定すればそれが見えるのではないかと考えられています（図7—7）。

この重力波のさざ波をとらえようとしているのが、二〇〇九年にヨーロッパのチームが打ち上げたプランク衛星です。これは宇宙の年齢を決めたNASAのWMAP衛星と同じように宇宙背景放射を観測する衛星ですが、宇宙背景放射はビッグバンの残り火ですから、それを高い感度で観測すると、重力波の影響でちょっと光が曲がっている姿が観測できるのではないかと期待されています。順調にいけば、二〇一三年頃には重力波を観測したデータが出てくるのではないかと思います。そのようなデータが出てくると、インフレーションがどのように引き起こされたのかがわかってくるかもしれません。

図7—7　重力波　重力波は、宇宙誕生直後の重力の変化を今も伝えている。

超ひも理論に期待

誕生した直後の宇宙は10^{-25}センチメートルよりも小さいものでした。原子の大きさが10^{-8}センチメートルですから、宇宙は原子よりも一七桁も小さかったことになります。それをインフレーションで大きく引き伸ばして、やっと三ミリメートルにまでなりました。そこでビッグバンが起こり、宇宙は一三七億年かけて少しずつ少しずつ大きくなってきたのです。

誕生直後の宇宙はあまりにも小さくて、エネルギーが詰まっているので、私たちが常識だと思っている物理法則が通用しません。そこを何とか解決したいと、たくさんの人たちががんばっているところです。

誕生したばかりの宇宙では、なぜ、私たちの知っている物理法則が通用しないのかというと、宇宙のはじまりが点のように小さいものだとしたら、エネルギーが無限大になってしまうからです。この無限大になってしまう点のことを、専門用語で特異点といいます。特異点では時間も空間も消滅してしまい、すべての物理法則が成り立たなくなってしまいます。特異点が出てくると物理学者はお手上げになってしまいます。

ところが、数学者はこの特異点を扱うのがとても得意です。ですから、高度な数学を組み合わせていくことで特異点を克服する理論ができるのではないかと考えています。日本には世界的に有名な数学者が何人もいますが、その中の一人である広中平祐氏が数学界のノーベル賞といわれるフィールズ賞を受賞した論文は特異点解消についてのものでした。ですから、物理と数学がより深く連携していくことで、宇宙のはじまりに迫っていけるのではないかと思います。

また、特異点ができるのは素粒子が体積のない点だからです。実は、素粒子は点ではなく、実はとっても小さなひもでできていると考えると特異点が出てこないのです。そのような発想から生まれたのが超ひも理論です。この超ひも理論はまだ未完成ですが、四つの力を統合し、宇宙のはじまりを解き明かせるのではないかと期待されています。

特異点の解消ということでは、車イスの物理学者として有名なスティーブン・ホーキング博士の理論が有名です。彼は特異点がなかったのではないかというような理論を考えています。もう少し詳しくいうと、宇宙に広がる時間や空間には境界や端がないのではないかという話になるのです。境界や端がないということは特異点もなくなってしまうのです。このように話をしてもイメージがしにくいと思うのですが、ホーキング博士は私たちが感じることができる実数の時間軸の前に、私たちが感じることのできない虚数の時間軸があると考えました。この虚数の時間軸の世界では、時間と空間、過去、現在、未来というものの区別がなくなり、すべてが一緒くたになっているそうです。そして、ある瞬間、突然、実数の時間軸の世界に変わり、時間と空間が分かれ、過去、現在、未来の区別をつけられるようになったということになります。

正直なところ、この虚数の時間軸の世界というものがどういう世界なのかさっぱりわかりません。ホーキング博士のいっている世界は私たちの住む四次元時空の世界とかけ離れているので想像できないというのが最大の理由です。しかも、ホーキング博士は、なぜ虚数の時間軸の世界があるのか、どうして虚数の時間軸が実数の時間軸にかわるのかといったことにはまったく触れていません。もし、宇宙のはじまりがホーキング博士のいう通りなのだとしたら、私たちが目にできるのは宇宙がはじまってから少したったところからで、宇宙が生まれたその瞬間を見ることはできなくなります。私たちの目には宇宙が途中からはじまっているようにしか見えないはずです。

ホーキング博士のいっていることが正しいのか、それとも、超ひも理論のような世界になっているのか、本当のところはまだ誰もわかりません。それを明らかにするために、みんながんばって研究を進めています。

今まで明らかになってきた研究成果を重ね合わせていけば、宇宙ができて約一分後のところまでは、こんなことが起こっていたのではないかなという道筋が描けるようになってきました。さらに、ニュートリノが物質を生んだ親で、反物質がなくなったのはニュートリノのおかげであるということが確実になってくれば、それが起きるのは、ちょうど宇宙がはじまってから一〇〇億分の一秒ぐらいのところになるので、そこまでは遡ることが可能になってきました。

ほんの数十年前までは、宇宙のはじまりは本当に謎だらけだったのですが、今は一〇〇億分の一秒後の宇宙にまで迫ろうとする時代になってきました。宇宙がどのように誕生したのかを知る可能性が見えてきたのです。そして、このような可能性が本当かどうか調べる実験が、今、徐々にはじまりつつあります。

原子より小さかった宇宙の誕生に迫る

最後に、今の宇宙論でわかっている有望な説をつなぎ合わせて宇宙のはじまりから現在までを振り返っていこうと思います（図7―8）。

まず、誕生直後の宇宙は原子よりも小さいものでした。このときの宇宙は、私たちが認識できる四次元よりもたくさんの次元があったのかもしれません。ただ、このとき宇宙が小さく丸まっていたことにより、四次元時空の宇宙になったのではないかともいわれています。

そして、すぐにインフレーションが起きて、小さくてクシャクシャと丸まっていた宇宙が、アイロンでしわを伸ばすように平らになっていきました。ところがしわを伸ばしていっても、完全に平らになってしまわないところが宇宙のおもしろいところです。しわを伸ばすと同時に、不確定性関係の影響で目に見えないような小さなしわがよってきます。この時点で宇宙はやっと三ミリメートルになりました。

インフレーションによって宇宙は一気に大きくなりました。三ミリメートルという数字だけを見ると、とても小さいと思うかもしれませんが、誕生直後の宇宙は10^{-35}メートルともいわれています。そこから三ミリメートルと三〇桁以上も急激に大きくなっているのです。

インフレーションで目に見える程度の大きさになった宇宙で、ビッグバンが起こり宇宙のもっていたエネルギーが熱や光に変化しました。宇宙は一気に熱くなり、ゆっくりと大きくなっていきました。そして、宇宙が三キロメートルぐらいの大きさになったときに、粒子と反粒子のバランスが崩れたのです。真空の世界で粒子と反粒子は対になってでき、対応する粒子と反粒子がぶつかると消滅してエネルギーになります。このとき、粒子の生成と消滅が繰り返しおこなわれたと考えられます。

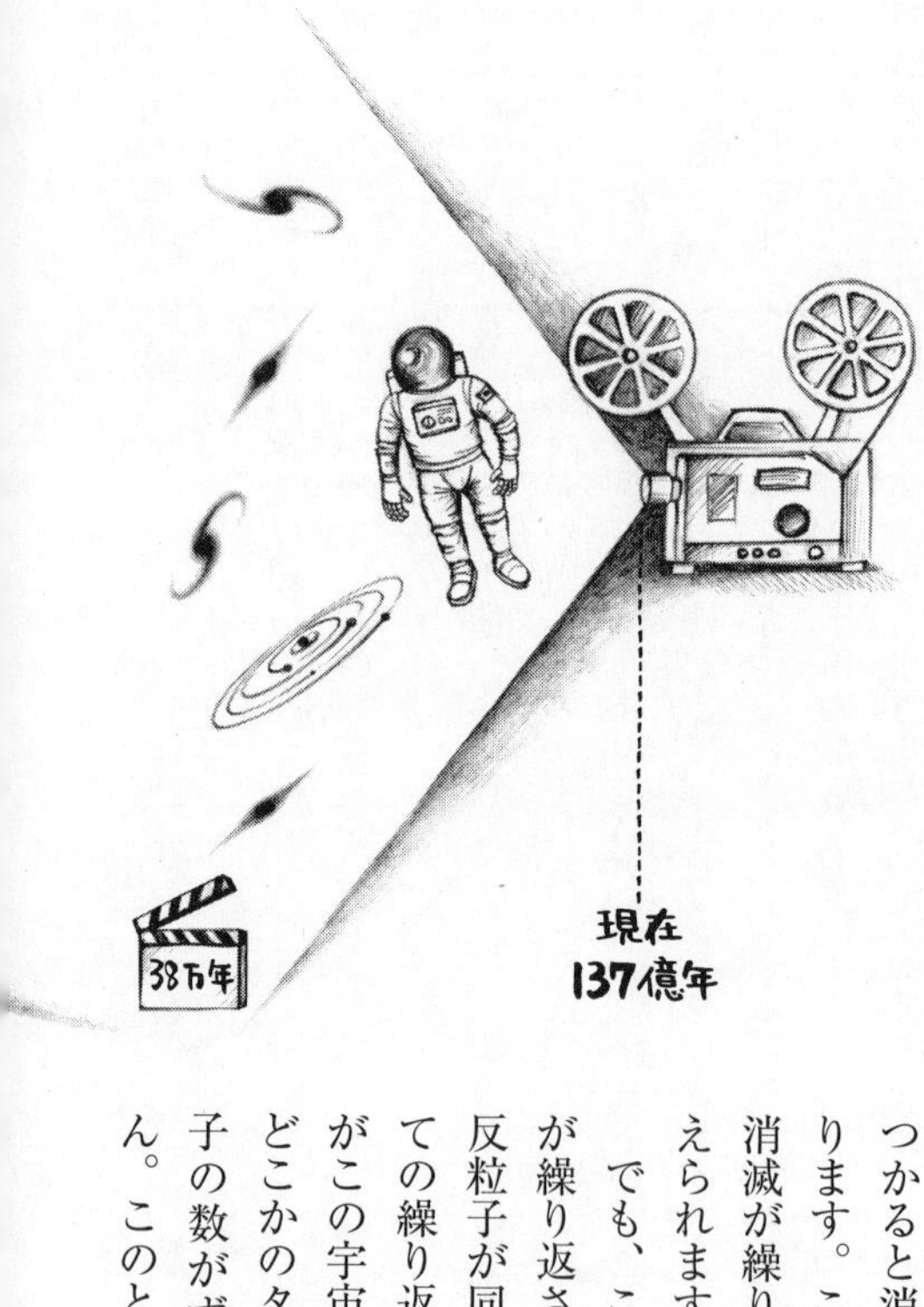

でも、このまま対生成と対消滅が繰り返されただけでは、粒子と反粒子が同じ数だけできては消えての繰り返しになります。私たちがこの宇宙に存在するためには、どこかのタイミングで粒子と反粒子の数がずれなければいけません。このとき、大きな働きをした

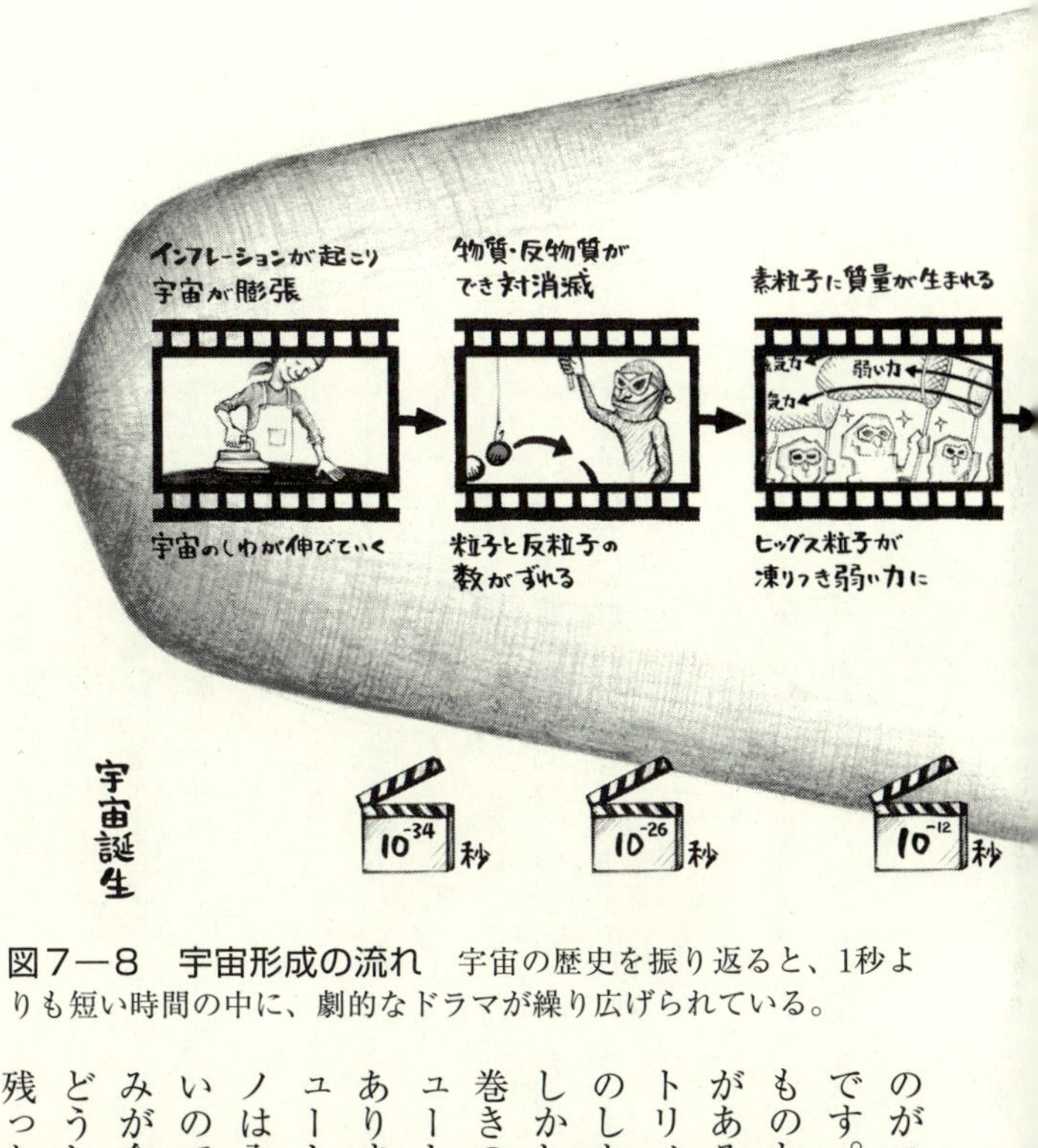

図7—8　宇宙形成の流れ　宇宙の歴史を振り返ると、1秒よりも短い時間の中に、劇的なドラマが繰り広げられている。

のがニュートリノだったのです。素粒子には右巻きのものと左巻きのものの両方があるはずですが、ニュートリノの場合は左巻きのものしか観測されません。もしかしたら観測されない右巻きのニュートリノが反ニュートリノである可能性があります。そうであればニュートリノと反ニュートリノは入れ替わるかもしれないのです。このようなしくみが今後わかってくれれば、どうして宇宙に粒子だけが残った（物質が残って反物質が消えた）のか、その理由がわかるかもしれません。

とにかく、宇宙に同じ数だけできた粒子と反粒子は、どこかで反粒子が粒子に変化したと考えられています。何ものかが一〇億分の一個だけ反粒子を粒子に変えたことで、九億九九九九個の粒子は反粒子とぶつかって消滅しても、粒子は二個生き残り、星や銀河、そして私たちへとつながっていくことになるのです。

さらに宇宙が一億キロメートルまで大きくなったところで、ヒッグス粒子が凍りつきます。ちょうど水蒸気が水や氷になったように宇宙がギュッと凍りついてしまいました。そのおかげで素粒子の世界に秩序が生まれ、多くの素粒子に質量が与えられるようになりました。このようにしてはじまった宇宙は、ゆっくりと膨張しているので、だんだんと冷えていきます。ただ、まだ熱いので原子核や電子がプラズマ状態で空間を飛び交っている騒がしい状態が続きます。この状態では光はたくさんの原子核や電子たちに遮られてしまいますので、まっすぐ飛ぶことができません。

暗黒物質は、光子やクォークなどの他の素粒子と同じようにありましたが、互いに出合ってはほぼ消滅してしまいました。ですが宇宙が一〇〇億キロメートルくらいになると、もう互いに出合うこともできないくらい薄まってしまい、消滅が止まり、生き残る数が決まります。これが今残っている暗黒物質だと考えられています。

さらに宇宙が三〇〇〇億キロメートくらいになると、クォークが強い力で閉じ込められて、陽子や中性子になります。そして三〇光年くらいの大きさになるまでにくっついて、中性子はすべてヘリウムの原子核に組み入れられます。しかしそれ以上大きな原子はまだほとんどできていません。

ようやく宇宙が落ち着いてくるのが誕生から約三八万年後、宇宙の大きさが一〇〇〇万年光年ほどになります。宇宙が冷えてきたといっても、まだ三〇〇〇度Cもあるのですが、原子核と電子がくっついて原子ができるようになります。これまで宇宙空間を飛び回っていたプラズマが原子になることで、だんだんと集まるようになります。宇宙にはインフレーションのときに細かいしわができていました。そのしわのエネルギーの濃い場所には実は暗黒物質が集まっていたので、その暗黒物質の重力に引き寄せられて原子も集まるようになります。これがだんだんと星になり、星がたくさん集まって銀河をつくるようになります。

宇宙で最初にできた元素は水素とヘリウムです。水素は陽子と電子が一つずつくっつけばできますし、ヘリウムは陽子、中性子、電子が二つずつ集まるとできます。そして水素原子とヘリウム原子が暗黒物質の多いところに集まっていくと、星になります。水素もヘリウムもガスなので、少ない量ならとても軽いのですが、たくさん集まると重くなり、自分たちの重みで中心部分がギュウギュウに詰め込まれた密度の高い状態になります。ある程度の密度になると、核融合がはじまり、周囲に熱や光を放出します。私たちはこのように輝く星の光を観測しているわけですね。はじめのうちは核融合の燃料として使われるのは水素原子です。四つの水素原子をくっつけて一つのヘリウム原子をつくる過程で、莫大なエネルギーが生まれ、熱や光が発生します。水素原子がなくなると、次はヘリウム原子を融合させて、炭素原子や酸素原子をつくります。ヘリウムがなくなると、次は炭素や酸素を燃料にしていき、ネオン、マグネシウム、ケイ素、鉄などを順番につくっていきます。

このように見ていくと、星は私たちの体のもとになる元素の製造マシーンでもあります。ただ、星の核融合によってできるのは鉄までです。星は重さによってどこまで核融合できるかが決まります。太陽の八倍くらいまでの星は炭素や酸素がつくられるところで核融合が止まって、白色矮星になってしまいますが、重さが太陽の八倍以上ある場合は核融合は鉄まで進み、最終的には超新星爆発を起こします。

この超新星爆発が鉄より重い元素をつくる原動力になります。核融合を終えた星は中心部分が冷えていき、ものすごい勢いで収縮していきます。すると、中心部分が超高密度になり大爆発を起こします。この爆発によって、重い元素がたくさんつくられるようになるのです。

超新星爆発は新しい星の材料となるガスやチリを宇宙空間にばらまくことにもなります。ばらまかれたガスやチリは重力の強い場所に集まるようになり、新しい星をつくります。このようにしてできた星が集まり、天の川銀河をつくりましたし、その片隅に私たちの暮らす太陽系があります。地球は太陽をつくるために集まってきたガスやチリの一部でつくられていますし、その地球上で誕生した私たちの体はもとをたどれば星の中でつくられたものです。ですから、私たちは文字通り星屑でつくられていることになります。

天の川銀河は、今から一〇〇億年ぐらい前には既にあったと考えられています。この銀河は周りの小さな銀河をどんどん飲み込んで成長しています。その飲み込まれた一部分に太陽系があると考えられています。飲み込まれるとガシャガシャッと引っかき回されて、ガスのエネルギーが高くなり、星ができるようになります。そのようにしてできた星の新興住宅地の一角に太陽系があります。太陽系ができたのは今から約四六億年前なので、宇宙の歴史から見ればわりと最近の出来事になります。

宇宙の過去と未来を映し出す「すみれ計画」

それでは、これから宇宙がどうなるのかといえば、真空は活発なエネルギーをもっているわけですから、そのエネルギーがワーッと宇宙を引き裂いてしまうと予想されています。計算してみると、ものすごい量のエネルギーが生みだされることになるので、それが本当だとすると私たちの宇宙は最終的に引き裂かれてしまって、新たな星も誕生することなく終わってしまうはずです。これは理論物理学最悪の予言だと思っています。

この予言が当たるのかどうかは、今後の研究で宇宙を調べていくことでわかってくると思いますが、これまで研究してきた限りでも、どうも宇宙は私たちが考えているよりもうまくできている気がします。たとえば、重力が強くなりすぎると、星はみんなブラックホールになってしまいます。でも、そうならないように重力の強さがいい値になっています。中性子の重さもうまくできていて、ちょっと重すぎると、この宇宙で存在できる元素は水素だけになってしまって、地球や人間はできません。真空のエネルギーもちょうど小さくなっているおかげで、宇宙はここまで大きくなりました。どれをとってもものすごくうまくできています。

私たちが住んでいる宇宙は、できすぎなくらいうまくできています。こんなにうまくできていると、もしかしたら宇宙はたくさんあって、そのうちの一つが私たちの宇宙なのではないかと考える人たちも現れました。本当は宇宙はどうなっているのかということを調べるために、望遠鏡を使ってより遠くの宇宙を見ています。遠くの宇宙を見て、今いったような歴史が本当にあったのかを、しっかりとデータを取って再構成したいと思っています。

そこで、すばる望遠鏡に新しいカメラと分光器をつけて観測をする「すみれ計画」を立てました。まず、カメラは基本的に皆さんがもっているデジカメと同じ原理なのですが、画素数が九億画素で、重さが三トンもある巨大なものです。名前はハイパーシュプリームカムといいます。これを使って五年間に数億個の銀河を観測します。

ハイパーシュプリームカムは二〇一二年に完成したので、これからすばる望遠鏡に取りつけて観測がはじまります。また、分光器をつくるために世界中から研究者が集まってきました。今、チーム内でどのような分光器をつくっていくのかということを具体的に決めています。

望遠鏡でとらえた光は白っぽい点のようにしか見えないのですが、この中には赤から紫まですべての光が入っています。それを分光器で分けることで、何色の成分がどのくらい入っているのかがわかりますので、それを分析することで、その銀河が光を発したときの宇宙の大きさがわかります。銀河までの距離や時間は光の明るさで測れますので、過去の宇宙がどのように大きくなってきたか、いいかえると、宇宙が膨張してきた歴史を調べることができるのです。これは宇宙の運命を予測することにつながります。ただ、この分光器での測定は時間がかかります。一つ一つを順番に見ていったのでは一〇〇〇年かかってしまうので、この計画では一度に一〇〇〇個の銀河の色を見ることのできる分光器をつくり、これを使って五年間で数億個の銀河を観測します。

このすみれ計画で、たくさんの銀河を一気に調べていくことで、宇宙の過去の様子がもっとわかってきて、ヒッグス粒子だけでなく、暗黒物質、暗黒エネルギーなどの正体もわかってくるのではないかと期待しています。

質問：超対称性粒子やものすごく重いニュートリノなどがあることを検証するための実験がおこなわれているのですか。

村山：超対称性粒子の検証に関していうと、私たちの知っている粒子のパートナーは、現在の加速器で十分観測できるぐらいの重さなのではないかと考えられています。ですから、今は、そこで懸命に探しています。今のところ、まだ見つかっていませんが、ある確率で見つかると期待されているので、一〇年、二〇年かけても探していきます。

一方、重いニュートリノのパートナーは、やっぱりものすごく重いですから、加速器を使ってもつくることができません。直接的な証拠を見つけるのはすごく難しいので、間接的な証拠を探そうとしています。ちょうど、重力レンズ効果で暗黒物質の場所がわかるというように、少し違う方向で探す方法を考えないといけないのです。

おわりに

都会から離れて夜空を見上げると、おなじみの北斗七星やカシオペア、オリオン座だけでなく、天の川などの無数の星が見えます。誰でも「この大きな宇宙に、私たちはなぜ存在するのだろう、どうやって生まれたのだろう?」と半ば哲学的な気持ちになったことがあるのではないでしょうか。私は哲学者でもありませんし、進化生物学者でもありません。ですが、私のような物理学者にも一つはっきりわかることがあります。「材料」がなければ、私たちは生まれなかったということです。そしてこの「材料」の問題は、宇宙そのものに深く関わっているのです。

まず、どんな「材料」が必要でしょうか。もちろん体は細胞でできていますが、細胞は数十種類の原子がとても複雑にくっついてできているものです。そして体の約三分の二は水です。調べてみると、多い順に酸素、炭素、水素、窒素、カルシウム、リン、硫黄、カリウム、ナトリウム、と続きます。赤血球には鉄分も大事で、これが足りないと貧血になったりします。そこで次に気になるのは、こうした化学元素はどこからきたのか、ということです。

ここでびっくりするのは、化学元素のほとんどは何十億年も昔に爆発した星の屑だ、ということです。宇宙の初期には、水素とヘリウム、ごくわずかのリチウムしかありませんでした。この三つが周期表の最初の三つです。大事な酸素、炭素、鉄等は、星の中の核融合で水素やヘリウムをくっつけ、大きくしたものですが、星の中にあっては使えません。星が人生（？）の最期に「超新星」という大爆発を起こしてこうした元素を宇宙空間にばらまき、それをまた集めてつくったのが太陽、地球、そして私たちの体だ、ということがわかっています。ですから、私たちの存在は直接宇宙の始まりに関わっていることになります。

しかし、ここで問題は終わりません。それでは宇宙の初期の星の材料になった水素やヘリウムはどこからきたのでしょうか？　実は宇宙がビッグバンで始まってから最初の一秒間は水素もヘリウムもありませんでした。温度が一〇〇億度以上とあまりに熱いので、原子をつくる陽子や中性子もバラバラになり、クォークになっていました。この頃の宇宙は電子、クォーク、ニュートリノ、光子、グルーオンといった素粒子の熱いスープで満たされていたのです。

ここで大きな問題にぶち当たります。実験室でビッグバンを再現しようと素粒子加速器という装置を使ってみると、エネルギーから物質ができるときには、必ず反物質とペアになってできるのです。ですから、ビッグバンでも物質と反物質が両方できたに違いありません。この反物質というのはSFの話ではなく、皆さんも触れたことがあるかもしれません。病院で体内の機能を調べるのにPET（ポジトロン断層法）というのを使うことがありますが、このポジトロンというのは電子の反物質、陽電子のことです。反物質は物質と出合うと、ペアで消滅してエネルギーに変わる、このエネルギーを光子という粒として捕まえることで体内を調べることができるのです。

ですから、エネルギーは物質と反物質をペアでつくり、物質と反物質は出合うとペアで消滅してエネルギーに返る。

だとすると、エネルギーの火の玉であったビッグバンは物質と反物質を同じ数つくったはずで、その後物質と反物質はみんな出合って消滅してエネルギーに戻り、宇宙は空っぽになったはずです。それでは「宇宙になぜ我々が存在するのか?」。

私たち物質が生き残るためには、物質の方が反物質よりも多くないとダメです。計算してみると約一〇億分の二。つまり、ビッグバンでできた物質と反物質のバランスをちょっと崩す必要があるわけです。ここで活躍したのがニュートリノという素粒子だと考えられています。

というわけで、この本ではお化けのような素粒子、ニュートリノが大活躍します。加えてそのさらに化け物的なニュートラリーノという暗黒物質、そしてそれらすべてをつくりだしたインフレーション、ついには原子よりもはるかに小さかった宇宙。こうしたミクロなサイズの宇宙と、その中のミクロな素粒子のおかげで私たちが存在している。

本書では、こうした驚くような物質世界誕生の歴史に迫ってみたつもりです。夜空を見上げて、小さな小さな宇宙とその中の素粒子を思い浮かべてみてください。

二〇一二年一二月

村山　斉

さくいん

N.D.C.440.12　190p　18cm

ブルーバックス　B-1799

宇宙《うちゅう》になぜ我々《われわれ》が存在《そんざい》するのか
最新素粒子論入門

2013年1月20日　第1刷発行

著者　村山《むらやま》　斉《ひとし》
発行者　鈴木　哲
発行所　株式会社講談社
〒112-8001 東京都文京区音羽2-12-21
電話　出版部　03-5395-3524
販売部　03-5395-5817
業務部　03-5395-3615
印刷所　（本文印刷）慶昌堂印刷株式会社
（カバー表紙印刷）信毎書籍印刷株式会社
製本所　株式会社国宝社

定価はカバーに表示してあります。

ISBN978-4-06-257799-1

発刊のことば

科学をあなたのポケットに

二十世紀最大の特色は、それが科学時代であるということです。科学は日に日に進歩を続け、止まるところを知りません。ひと昔前の夢物語もどんどん現実化しており、今やわれわれの生活のすべてが、科学によってゆり動かされているといっても過言ではないでしょう。

そのような背景を考えれば、学者や学生はもちろん、産業人も、セールスマンも、ジャーナリストも、家庭の主婦も、みんなが科学を知らなければ、時代の流れに逆らうことになるでしょう。

ブルーバックス発刊の意義と必然性はそこにあります。このシリーズは、読む人に科学的に物を考える習慣と、科学的に物を見る目を養っていただくことを最大の目標にしています。そのためには、単に原理や法則の解説に終始するのではなくて、政治や経済など、社会科学や人文科学にも関連させて、広い視野から問題を追究していきます。科学はむずかしいという先入観を改める表現と構成、それも類書にないブルーバックスの特色であると信じます。

一九六三年九月　野間省一